磁気工学入門

―― 磁気の初歩と単位の理解のために

日本磁気学会 編
高梨弘毅 著

共立出版

（社）日本磁気学会・出版ワーキンググループ

稲葉　信幸　　（山形大学）
大嶋　則和　　（日本電気株式会社）
小野　寛太　　（高エネルギー加速器研究機構）
小野　輝男　　（京都大学）
鈴木　淑男　　（秋田県産業技術総合研究センター）
高梨　弘毅　　（東北大学）
三俣　千春　　（日立金属株式会社）
渡邊　健次郎　（ソニー株式会社）

現代講座・磁気工学シリーズ刊行にあたって

　日本磁気学会では設立30周年を迎え，磁気関連分野の研究をますます発展させるため，学術講演会の国際化や学会誌，論文誌の拡充などさまざまな活動を行ってきました．この30年間には，学会誌に掲載された解説記事や連載記事，また学会主催の教育活動として実施されてきました初等磁気工学講座やサマースクールなど膨大な著作が蓄積されております．過去において，これら著作物の書籍出版について検討されたことがあったようですが，今日まで具現化には至りませんでした．今回，共立出版株式会社との共同により，日本磁気学会編纂による書籍出版の道が開かれることになりました．

　今日の科学技術の発展はますます加速しており，磁気の分野においても新しい研究分野が次々と開拓されています．日本磁気学会の学術講演会を見ても，そのセッション構成は年々変わっており，巨大磁気抵抗効果やスピンエレクトロニクス，ナノ磁性など従来にはないキーワードが用いられるようになりました．また新分野だけでなく，これらを支える基礎分野においても研究の進展は急速であり，新たな参考書や新分野への導入を意識した教科書が必要な場合があるように思われます．これまでに磁気分野の教科書としては定番の本などもありますが，現在において十分な改訂がなされているとは限らず，これを補って時代に即した新規分野の解説や基礎を整理するという取り組みは学会主導の編纂ならではの有意義な事業と考えられます．また，JABEEなどの認定制度も整備され始めているなか，学会編纂による教科書などの必要性が高まりつつある現状もあり，学会主導の出版事業が磁気関連の研究分野の発展に少しでも寄与できればとの思いからこの企画を進めてまいりました．

　本シリーズの発刊にあたり，日頃の日本磁気学会の活動を支えてくださった関係各位に感謝するとともに，学会編纂企画の目的を理解いただき快く協力し

てくださった著者各位に感謝申し上げます．シリーズ企画では教科書としての側面だけでなく，専門分野の解説書やハンドブックなど幅広い分野で展開されます．続巻を含めこれらのシリーズが多くの読者に興味をもっていただけるよう希望しております．最後に，本シリーズの編集においてさまざまな形でご支援頂いた共立出版編集部の石井徹也，松本和花子の両氏に感謝し，シリーズ刊行の挨拶といたします．

（社）日本磁気学会・出版ワーキンググループ　一同

序　文

　本書は，1996年から2000年までの5年間，筆者が講師を担当した日本磁気学会（当時は日本応用磁気学会とよばれた）主催の初等磁気工学講座のテキストをベースにし，これに加筆・修正を加えることによって作成されたものである．初等磁気工学講座は好評を得て，講師は数年ごとに変わっているが，日本磁気学会の重要な事業の一つとして今なお継続している．

　わたしが作成したテキストを書籍化しようというアイデアは当初からあった．しかし，書籍化するには相当な加筆・修正が必要であり，また出版社をどうするかという問題もあり，筆者が忙しさにかまけて何もせぬうちに月日が流れてしまった．その後，共立出版のご支援で日本磁気学会が磁気に関する「教科書シリーズ」を発刊することとなり，その一環としてわたしのテキストも書籍化することが決まった．その経緯は，シリーズ序文に記載されているとおりである．

　本書では，第1章でまず古典磁気学の基礎を復習する．ここでは，特に磁界，磁化および磁束密度の物理的意味づけにかなりの重点を置いている．初学者のなかには，磁界と磁束密度の区別すら曖昧のままに日常の業務に携わって，何となくわかったような気になってしまっているような場合が意外と多いのではないかと思ったからである．次に第2章で，磁化曲線から得られる情報，ヒステリシスループの意味を解説し，磁化測定とその解析に最低限必要な知識を身につけられるようにした．それから，第3章で磁性体の基本的性質である磁気異方性と磁歪，磁区構造について述べ，第4章では種々の磁気計測法の原理を説明する．最後に第5章で，磁気モーメントと角運動量，磁性体の分類について最も基礎的な事項を解説する．

　内容のレベルとしては，量子力学の専門的な知識がなくても理解できるようにしたが，古典電磁気学に関するある程度の知識をもっていることは望ましい．

磁気というのはおもしろいもので，本質的には量子力学なしには解明できないものであるにもかかわらず，厳密性にあまりこだわらないかぎり，かなりの部分が量子力学なしで把握することができる．誤解を恐れずあえていうならば，生半可な量子力学の知識はかえって邪魔になることもある．磁性物理を専門に研究する場合は別にして，多くの磁気工学研究者は，量子力学をまともに勉強しなくても，必要最低限の知識を必要に応じて勉強していけば十分であろうと思われる．

　本書の大きな特徴は，単位について詳しく説明したことである．思えば，初等磁気工学講座のテキストを最初に執筆してから，すでに12年という年月を経た．しかし驚くべきことは，磁気の単位に関わる環境は当時も今もほとんど変わっていない．CGSガウス単位系は当時ですらすでに古く，磁気以外の分野で使っている人はほとんどいなかった．ところが磁気の分野では，いまだにCGSガウス単位系が平然として用いられ，MKSA単位系と混然としている状況である．しかも，磁気を表すMKSA単位系にはE-H対応とE-B対応の2種類があり，単純にMKSA単位系＝SI単位系といえないところが，さらに事情をややこしくしている．これでは，初学者がわかりにくいと感じるのは当然であろう．ではなぜ磁気の分野ではこれほどまでに単位系の移行が進まないのかを考えるとき，第1章のコラムでも述べているが，必ずしも磁気の関係者がとんでもない頑固者ばかりだということではなくて，単位系自身に磁気に関わる認識の根本問題が関係しているからだと思う．磁気の分野においては，是非はともかく，現実問題としてCGSガウス単位系とMKSA単位系の双方を知っておかなければならない．でありながら，通常の教科書や参考書ではSI単位系のみの使用が義務づけられているため，双方の単位系についてきちんと書かれた本は一冊もないのが実情である．すなわち，現場と書物の間に，一種の乖離現象が起きているのである．

　本書では，現場で磁気に携わる初学者の便宜に供するため，最初はCGSガウス単位系とE-H対応MKSA単位系から入り，磁束密度の説明に際しE-B対応MKSA単位系（＝SI単位系）を導入し，その後は三つの単位系を原則として完全に併記し，それぞれの単位系の意味と，お互いの共通点，相違点を理解できるようにした．単位系の記述について，当初のテキストでは不備，不足が

あったため，書籍版刊行にあたって大幅に加筆・修正を行った．

　脚注やコラムは，本文の流れのなかでは必ずしも重要でないが，注意すべきこと，筆者としてぜひふれておきたいことなどである．また，理解の助けになるように，各章末に若干の演習問題を，巻末には単位換算表と参考文献をあげた．

　最後に，本書の刊行にご協力くださった日本磁気学会・出版ワーキンググループの皆様方，および共立出版の関係者の方々に深く感謝したい．忙しさにかまけて筆が進まぬ筆者をつねに激励してくれた．彼らのご支援なくしては，本書の刊行はありえなかった．

　2008 年 6 月

筆者

目 次

第1章 磁界，磁化，磁束密度　　1
- 1.1 磁界 1
  - 1.1.1 磁界の定義 1
  - 1.1.2 磁界を表す単位 2
- コラム1：単位換算に関する補足 5
- 1.2 磁気モーメント 7
- 1.3 磁化 9
- 1.4 磁束密度 12
  - 1.4.1 磁束密度の定義と単位 12
  - 1.4.2 磁束密度の物理的意味 13
- コラム2：磁気的諸量のCGSガウス単位系とMKSA単位系の換算について 24
- コラム3：真空の透磁率 μ_0 について 25
- 1.5 SI単位系 28
- コラム4：E-H対応とE-B対応について 30
- 第1章 演習問題 33

第2章 磁化曲線　　35
- 2.1 磁化曲線における基本的物理量 35
- 2.2 反磁界 38
- 2.3 磁化曲線とエネルギー 42
- 2.4 B-H曲線 44
- 2.5 ヒステリシスループと磁性材料 47

viii 目次

		2.5.1 軟磁性材料	47
		2.5.2 硬磁性材料	48
	2.6	磁化曲線で用いる単位について	49
	コラム 5：日本人の発明によるものが多い磁性材料		52
	第 2 章 演習問題		54

第 3 章 磁気異方性と磁歪 　57

   3.1 磁気異方性 57
      3.1.1 結晶磁気異方性 57
      3.1.2 形状磁気異方性 62
      3.1.3 誘導磁気異方性 67
   3.2 磁歪 67
   3.3 磁区と技術磁化過程 69
   第 3 章 演習問題 73

第 4 章 磁気測定法 　75

   4.1 磁界の発生と測定 75
   4.2 磁化の測定 78
   4.3 磁気異方性の測定 81
   4.4 磁歪の測定 86
   4.5 磁区構造観察 87
   第 4 章 演習問題 90

第 5 章 原子磁気モーメントと磁性体の分類 　93

   5.1 原子磁気モーメントと角運動量 93
   5.2 磁性体の分類 101
   第 5 章 演習問題 109

付録：単位換算一覧表 　111

参考文献 　113

索　引 　115

第1章

磁界，磁化，磁束密度

　磁界，磁化，磁束密度の三つは，磁気においてもっとも基本的な物理量である．本章では，この三つの物理量の定義と単位を学び，磁気工学に必要な古典電磁気学の復習をしよう．

1.1 磁界

1.1.1 磁界の定義
　「磁界」[†1] (magnetic field) とは何か，と問われて簡潔明瞭に答えるのはむずかしい．しかし，どうしたら磁界を作ることができるか，という問いならば比較的容易に答えることができる．身近で磁界を作り出すには，二つの方法がある．一つは，適当な永久磁石をもってくればよい．もう一つは，銅線でコイルを巻いて電流を流せばよい．図 1.1 に示すように，永久磁石の場合は，その周囲に N 極から S 極に向かって磁力線が走っている．コイルの場合は，電流の流れる回転方向にネジを回したときに，ネジが進む向きに磁力線が走る．磁力線とは，N の極性をもつ小さな磁極を磁石あるいはコイルの傍らに仮想的に置いたとき，その磁極が受ける力の向きと同じ方向に走るように定義された曲線である．また，磁力線の密度はその力の大きさに比例する．磁力線は仮想的な曲線であるが，磁力線の描ける空間には，磁界という物理的な実体が存在しているとわれわれは認識する．すなわち，何もない真空の空間であっても，磁力線の描ける

[†1] 日本には，「磁界」という言葉と「磁場」という言葉がある．どちらかというと，応用研究に携わる人たちは「磁界」という言葉を好み，基礎研究に携わる人たちは「磁場」という言葉を好むようである．どういう経緯でこの二つの言葉が生まれたのか，残念ながら筆者は知らないが，「磁界」も「磁場」もまったく同義であり，英語でいえば magnetic field である．本書では，特に深い理由はないが「磁界」という言葉を使用することにする．

2　第 1 章　磁界, 磁化, 磁束密度

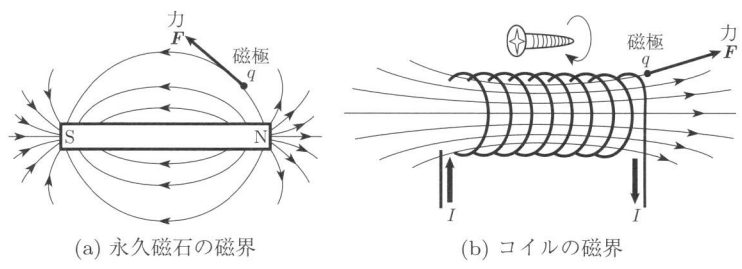

(a) 永久磁石の磁界　　　(b) コイルの磁界

図 1.1　磁界の発生

空間であれば, それはただの空間ではなく, そこには磁界という物理量が存在していると考えるのである[†2]. 磁界は磁力線と同じ向きをもち, 仮想的に置いた単位磁極が受ける力と同じ大きさをもつベクトル量として定義され, 通常 H で表す. すなわち, 仮想磁極の大きさを q と書き, その磁極が受ける力を F とすると,

$$F = qH \tag{1.1}$$

で表される. (磁極の極性は, 通常 N を $+$, S を $-$ と定義している.)

1.1.2　磁界を表す単位

　磁界の発生の方法に 2 通りあるように, 磁界の単位の決め方にも 2 通りの方法がある. すなわち, 一つは磁極を発生源と考えて磁極の大きさを基準に決める方法であり, もう一つは電流を発生源と考えて電流の大きさを基準にして決める方法である. 現在, 磁気の分野では, CGS ガウス (Gauss) 単位系と MKSA 単位系という二つの単位系が用いられており, 両者の間の換算が磁気を扱う人たちにとって頭の痛い問題であるが (コラム 1 参照), 一口にいって, CGS ガウス単位系は磁極を基準にしたものであり, MKSA 単位系は電流を基準にしたものであると考えてよい. ここで, この二つの考え方を説明しよう.

(a)　CGS ガウス単位系による磁界の表記

　いま, 距離 r を隔てた二つの磁極を考える. 磁極の強さは, それぞれ Q およ

[†2] 磁界は, 単なる思考上の便宜のために導入されたものではなく, 物理的に実体のあるものと考えて差し支えない. 実際に, 時間変動のない静磁界のみを対象とする限りにおいては, 磁界は必ずしも物理的実体と考える必要もないのであるが, 電磁波の存在を説明するには, 磁界は物理的実体のあるものと考えざるを得なくなる.

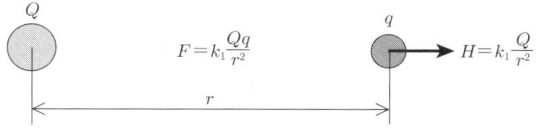

図 1.2 磁極による磁界の定義

び q と表されるとしよう（図 1.2 参照）．このとき，お互いに作用する力の大きさ F は，クーロンの法則 (Coulomb's law) から，

$$F = k_1 \frac{Qq}{r^2} \tag{1.2}$$

と書ける．k_1 は適当な比例係数である．したがって，磁極 q の位置での磁界の大きさ H は，

$$H = k_1 \frac{Q}{r^2} \tag{1.3}$$

である．CGS ガウス単位では，k_1 を無次元量として 1 とおく．そして，磁極の単位を emu/cm と書く．emu というのは，CGS ガウス単位系で使う特有の単位で，磁気モーメントを表す単位である．（emu という単位の定義は曖昧で，書物によっては emu を磁極の単位とし，emu・cm を磁気モーメントの単位と定義してある場合もあるので，注意を要する．本書では上記のように emu を磁気モーメントの単位として定義する．なお，磁気モーメントについては，1.2 節で詳述する．）

式 (1.2) より，1 [emu/cm] の強さの二つの磁極が 1 [cm] 離れているとき，両者にはたらく力は 1 [dyne] である（コラム 1 参照）．したがって磁極の単位 emu/cm は，

$$[\mathrm{emu} \cdot \mathrm{cm}^{-1}] = [\mathrm{cm}^{\frac{3}{2}} \cdot \mathrm{g}^{\frac{1}{2}} \cdot \mathrm{s}^{-1}] \tag{1.4}$$

という次元をもっていることがわかる．また，磁界は通常 Oe（エルステッド）という単位を用いる．式 (1.3) から，1 [emu/cm] の磁極から 1 [cm] 離れた場所での磁界が 1 [Oe] である．Oe は，式 (1.3) および式 (1.4) から，

$$[\mathrm{Oe}] = [\mathrm{emu} \cdot \mathrm{cm}^{-3}] = [\mathrm{cm}^{-\frac{1}{2}} \cdot \mathrm{g}^{\frac{1}{2}} \cdot \mathrm{s}^{-1}] \tag{1.5}$$

という次元をもっていることがわかる．

(b) MKSA 単位系による磁界の表記

電流を基準にして磁界の単位を決める場合は，直線的に張られた 1 本の銅線に電流 I を流したとき周囲に発生する磁界を考えるとよい．このとき，磁界は図 1.3 に示すように，銅線を中心にした同心円状に発生する．いま，銅線から距離 r の位置での磁界の大きさ H を考えると，回転対称性から銅線より距離 r の円の上では同一の大きさの H が発生しているはずである．したがって，H は電流の大きさ I に比例し，円周の長さ $2\pi r$ に反比例すると考えられる．すなわち，

$$H = k_2 \frac{I}{2\pi r} \tag{1.6}$$

と書ける[†3][†4]．k_2 は適当な比例係数であるが，MKSA 単位系ではこの k_2 を無

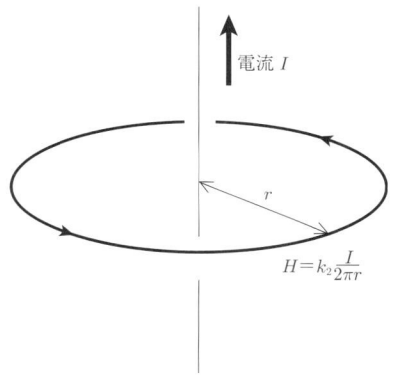

図 **1.3** 電流による磁界の定義

[†3] 式 (1.6) は，磁界の大きさ H が円周 $2\pi r$ に反比例すると考えて作られている．それならば，CGS ガウス単位系の式 (1.3) に戻って，クーロンの法則の場合には半径 r の球の表面積 $4\pi r^2$ に反比例すると考えて，

$$H = k_1 \frac{Q}{4\pi r^2}$$

と置くこともできるであろう．しかし，実際に使われている CGS ガウス単位系は，4π をつけずに定義されている．だから，1.4 節で説明する磁束密度 B の定義やマックスウェルの方程式において，4π が現れてくる．このような単位系を非有理化単位系という．一方，MKSA 単位系は有理化単位系であり，マックスウェルの方程式において 4π が現れず，すっきりした形になる．念のため断っておくと，有理化単位系か非有理化単位系かということと，CGS ガウス単位系か MKSA 単位系かということには直接の関係はない．CGS ガウス有理化単位系や MKSA 非有理化単位系というものも考えることはできる．しかし，実際には，そのような単位系は使われていない．歴史的には，まず CGS ガウス非有理化単位系が使われ，その後 MKSA 有理化単位系が使われるようになったということである．

次元量として 1 とする．電流の単位は，MKSA 単位では A（アンペア）であるので，式 (1.6) から磁界 H の単位は A/m となる．2π [A] の直線電流から 1 [m] 離れた位置での磁界が，1 [A/m] である．

CGS ガウス単位系は電流を伴わない静磁気の問題だけを扱うならば便利であるが，電流と磁気の関係を考えるときには MKSA 単位系が有用である．現在，CGS ガウス単位系と MKSA 単位系の両方が使用されている状況であるので，磁気工学に携わる人はその両方に慣れ，両者の関係を知っておく必要がある．CGS ガウス単位系における磁界の単位 Oe と MKSA 単位系における磁界の単位 A/m との間には，

$$\begin{aligned} 1 \text{ [Oe]} &= \frac{10^3}{4\pi} \text{ [A/m]} \\ &\approx 80 \text{ [A/m]} \end{aligned} \quad (1.7)$$

という関係があることを，頭に入れておこう（コラム 2 参照）．

コラム 1：単位換算に関する補足

磁気にとって重要なことは，ガウス単位か，A（アンペア）単位か，ということであって，centimeter-gram-second を基準にした CGS を用いるか，meter-kilogram-second を基準にした MKS を用いるか，ということはたいした問題ではない．電磁気諸量以外の基本的な物理量に対しては，CGS 系と MKS 系の換算は比較的容易であるが，現在では初等教育から高等教育まで一貫して MKS 系しか教えられておらず，そのような教育を受けた世代にとって，CGS 系はほとんど馴染みがない．そこで，最も基本的な物理量に関して，CGS 系と MKS 系との換算をここでまとめておく．

まず，長さと質量に関して，

$$1 \text{ [m]} = 10^2 \text{ [cm]} \quad (\text{C1.1})$$

[†4] 1.4.2 節で示すように，式 (1.6) はアンペールの法則から導かれる．あるいは，ビオ・サバールの法則 (Biot Savart's law) を使って，導出することもできる．磁極が発生する磁界を説明するときにクーロンの法則を用いたように，アンペールの法則あるいはビオ・サバールの法則は，電流が発生する磁界を考えるときの最も基本的な法則であり，どの電磁気学の教科書にも書かれている．アンペールの法則は積分形式で，ビオ・サバールの法則は微分形式で表現されたものであるが，物理的内容は同一である．

$$1 \text{ [kg]} = 10^3 \text{ [g]} \tag{C1.2}$$

で，この関係は誰でも知っているであろう．

次に，力の単位であるが，MKS 系では，1 [kg] の質量の物体に 1 [m/s^2] の加速度を与える力を 1 [N]（ニュートン）とするから，N の次元は，

$$[\text{N}] = [\text{kg} \cdot \text{m} \cdot \text{s}^{-2}] \tag{C1.3}$$

である．一方，CGS 系では，1 [g] の質量の物体に 1 [cm/s^2] の加速度を与える力を 1 [dyne]（ダイン）とよぶ．したがって，dyne の次元は，

$$[\text{dyne}] = [\text{g} \cdot \text{cm} \cdot \text{s}^{-2}] \tag{C1.4}$$

である．式 (C1.1)，式 (C1.2) を用いて，式 (C1.3) と式 (C1.4) を比較すれば，N と dyne の関係は，

$$1 \text{ [N]} = 10^5 \text{ [dyne]} \tag{C1.5}$$

であることがわかる．

エネルギーの単位は，MKS 系では，1 [N] の力で 1 [m] の距離にはたらく仕事に相当するエネルギーを 1 [J]（ジュール）とし，J は，

$$[\text{J}] = [\text{N} \cdot \text{m}] = [\text{kg} \cdot \text{m}^2 \cdot \text{s}^{-2}] \tag{C1.6}$$

の次元をもつ．一方，CGS 系では，1 [dyne] の力で 1 [cm] の距離にはたらく仕事に相当するエネルギーを 1 [erg]（エルグ）とよぶ．したがって，erg は，

$$[\text{erg}] = [\text{dyne} \cdot \text{cm}] = [\text{g} \cdot \text{cm}^2 \cdot \text{s}^{-2}] \tag{C1.7}$$

の次元をもっている．式 (C1.6)，式 (C1.7) より，J と erg の間には，

$$1 \text{ [J]} = 10^7 \text{ [erg]} \tag{C1.8}$$

の関係があることがわかる．

1.2 磁気モーメント

これまで磁界の説明を行うために，仮想的な磁極というものを考えた．しかし，ここで注意しなければならないことは，単独に存在するような磁極というものは現実にはありえないということである．言い換えれば，磁極はつねにN極とS極が対になって存在するもので，N極のみあるいはS極のみを取り出すということはできないのである[†5]．いま，細長い棒磁石を，二つ，四つ，八つと小さく切り分けていったとしよう．そのようなことをしても，図 1.4 に示すように切り口には新たにN極とS極が生じ，長さが短い棒磁石がどんどん増えていくだけである．

したがって，磁気を扱う場合には，磁極そのものよりもN (+) とS (−) の磁極の対を考えるほうが現実的である．ここで，そのような磁極の対を表す物理量として，磁気モーメント (magnetic moment) を定義しよう．いま，磁極の強さが q，磁極間の距離が l であるような棒磁石を考える（図 1.5 参照）．このとき，磁気モーメント $\boldsymbol{m}$ はS極からN極に向かう方向をもつベクトルであり，その大きさ m は，

$$m = ql \tag{1.8}$$

で定義される．

CGS ガウス単位では，1.1.2 節で述べたように，磁気モーメントの単位はemu

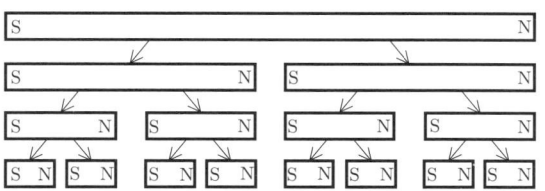

図 1.4　磁石をいくら分割しても，N極やS極を単独に取り出すことはできない

[†5] 厳密には，単独磁極（一般には磁気単極子 (magnetic monopole) という）は存在しないという証明があるわけではない．しかし，磁気単極子がないことを前提にして現代の物理学の体系ができているということと，実験的に磁気単極子は発見されていないという事実に基づいているだけである．たとえば素粒子の世界などで今後磁気単極子が発見される確率は皆無とはいえない．しかし，われわれが身近に扱う磁性材料の世界では，考える必要はないであろう．

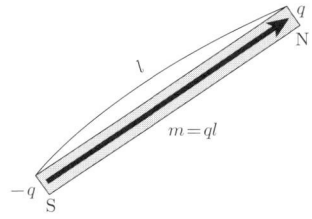

図 1.5 磁気モーメントの定義

であり，式 (1.4) より，

$$[\text{emu}] = [\text{cm}^{5/2} \cdot \text{g}^{1/2} \cdot \text{s}^{-1}] \tag{1.9}$$

という次元をもっている．一方，MKSA 単位系では，磁極の単位として Wb（ウェーバー）という単位を用いる．したがって，磁気モーメントの単位としては，Wb·m である．Wb および Wb·m の次元は，式 (1.1) を用いて磁界 $\boldsymbol{H}$ の単位が A/m であることから，

$$[\text{Wb}] = [\text{m}^2 \cdot \text{kg} \cdot \text{s}^{-2} \cdot \text{A}^{-1}] \tag{1.10}$$

$$[\text{Wb} \cdot \text{m}] = [\text{m}^3 \cdot \text{kg} \cdot \text{s}^{-2} \cdot \text{A}^{-1}] \tag{1.11}$$

であることがわかる．emu/cm と Wb および emu と Wb·m との関係は，

$$1\,[\text{emu/cm}] = 4\pi \times 10^{-8}\,[\text{Wb}] \tag{1.12}$$

$$1\,[\text{emu}] = 4\pi \times 10^{-10}\,[\text{Wb} \cdot \text{m}] \tag{1.13}$$

である．

磁気モーメントの物理的意味をより明確にするために，図 1.6 のように磁気モーメントが一様な静磁界の中に置かれた場合を考えてみよう．このとき，磁気モーメントは回転のトルクを受けて，磁界の方向に向こうとする．いま，磁気モーメント $\boldsymbol{m}$ と磁界 $\boldsymbol{H}$ のなす角度を θ とすると，トルクの大きさ T は，

$$T = qHl\sin\theta = mH\sin\theta \tag{1.14}$$

と書ける．また，このときの磁気モーメントのもつポテンシャルエネルギー E

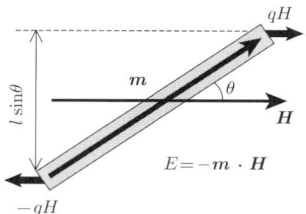

図 1.6　一様な静磁界中に置かれた磁気モーメント

は，磁気モーメントが磁界方向に向いたエネルギーの最も低い状態 ($\theta = 0$) から，角度 θ まで回転させるときに行う仕事に等しいから，

$$
\begin{aligned}
E &= \int T \mathrm{d}\theta \\
&= \int mH \sin\theta \mathrm{d}\theta = mH(1 - \cos\theta)
\end{aligned}
\tag{1.15}
$$

となる．エネルギーの基準はどこにとってもよいので，定数の 1 は無視することができ，さらに式 (1.15) をベクトル形式で書けば，E は $\boldsymbol{m}$ と $\boldsymbol{H}$ の内積として，

$$
E = -\boldsymbol{m} \cdot \boldsymbol{H} \tag{1.16}
$$

と書ける[†6]．こうして，磁気モーメントが磁界中に置かれたときのエネルギーは，磁気モーメントと磁界の内積に比例するという重要な結果が得られる．

1.3　磁化

磁界の存在する空間にある物質を置いたとき，言い換えれば，物質に磁界 $\boldsymbol{H}$ を印加したとき，図 1.7 に示すように，物質の表面には磁極（N 極および S 極）が発生し，その物質は一時的にいわば磁石のようになる．このとき，その物質は磁化されたという．物質はなぜ磁化されるか，その秘密は物質の内部のミクロな状態にある．物質を細かく分けていくと，それは原子の集合体である．原子

[†6] 同様に，ベクトル形式で書けば，式 (1.14) は $\boldsymbol{T} = \boldsymbol{m} \times \boldsymbol{H}$ である．

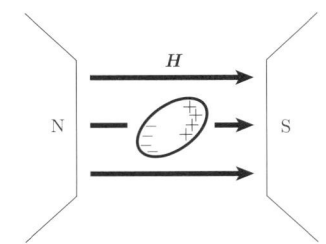

図 1.7　磁界を印加すると物質は磁化される

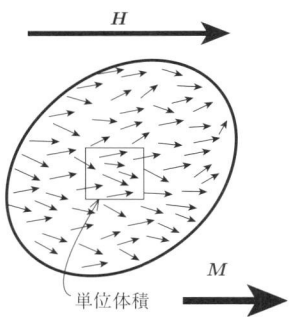

図 1.8　磁化 M の定義

はそれ自身で微小な磁石としての性質をもち，磁気モーメントをもっている[7]．

ここで，1 原子あたりの磁気モーメントを m_k と書こう（k は原子一つひとつにつけた番号である）．このとき，

$$M = \Sigma m_k \tag{1.17}$$

で定義されるベクトル量 M を導入する．Σ は，単位体積あたりの原子の総和を表す．この M を磁化 (magnetization) とよぶ．すなわち，磁化は単位体積あたりの磁気モーメントの総和として定義される（図 1.8 参照）．

CGS ガウス単位系では m_k の単位は emu であるから，M の単位は emu/cm^3 である．一方，MKSA 単位系では m_k の単位は Wb·m であるから，M の単

---

[7] 磁気モーメントをもつもののうち，磁極間距離が非常に小さく，ほとんど点と見なしうるようなものを，磁気双極子 (magnetic dipole) とよぶ．原子は，それ自身が磁気双極子であるといってもよい．どの原子がどのような磁気モーメントをもつかは物質内の電子の状態に依存することで，第 5 章でふれる．

位は Wb/m² である†8. emu/cm³ と Wb/m² との関係は,

$$1\,[\text{emu/cm}^3] = 4\pi \times 10^{-4}\,[\text{Wb/m}^2] \tag{1.18}$$

である.

いま仮に,物質を構成する各々の原子の $\boldsymbol{m}_\mathrm{k}$ の間に特別な相互作用が何もはたらいていないのであれば $\boldsymbol{m}_\mathrm{k}$ は熱擾乱を受けてばらばらの方向を向き,かつ絶えずその方向を変えている.このとき,磁界を印加すれば $\boldsymbol{m}_\mathrm{k}$ は磁界の方向に揃おうとする.$\boldsymbol{m}_\mathrm{k}$ が完全に磁界の方向に揃うことを,磁化が飽和するという.もし,各々の原子の $\boldsymbol{m}_\mathrm{k}$ が同じ大きさ m_0 をもつならば,単位体積あたりの原子数を N として,飽和した磁化の大きさ M_s は,

$$M_\mathrm{s} = N m_0 \tag{1.19}$$

と書ける.しかし,現実には,熱擾乱でばらばらになっている $\boldsymbol{m}_\mathrm{k}$ を同じ方向に揃えるには,相当大きな磁界が必要である†9.実際に,われわれの身近のものの多くは,磁石に引き付けられたりはしない.それらは,多少の磁界を受けてもわずかな M しか誘起されず,引き付けられる力があまりに弱いのである.ところが一方で,磁石に強い力で引き付けられる物質があることも,われわれは知っている.Fe や Co や Ni などはその代表的な例である.これらの物質は,わずかな磁界を印加しただけでも大きな M を発生し,容易に飽和する.その理由は,物質の内部で隣り合う $\boldsymbol{m}_\mathrm{k}$ がお互いに同じ方向に揃おうとする非常に強力な相互作用†10がはたらいているために,自発的な磁化をもつからである.このような自発磁化 (spontaneous magnetization) をもつ性質を強磁性 (ferromagnetism)

---

†8 磁化の定義として正式なものは,あくまで単位体積あたりの磁気モーメントである.しかし実際は,単位体積あたりよりも単位質量あたりのほうが値を求めやすいこともある.そのような場合は,単位質量あたりの磁気モーメントの総和が磁化の値としてしばしば用いられ,単位は emu/g(CGS ガウス単位系)あるいは Wb·m/kg(MKSA 単位系)となる.

†9 原子がもつ磁気モーメントの大きさは,原子の種類とその原子が置かれている環境にはなはだ依存するが,典型的にはだいたい $m \approx 10^{-20}\,[\text{emu}] \approx 10^{-29}\,[\text{Wb·m}]$ 程度である(第 5 章参照).いま,$H = 1\,[\text{kOe}] \approx 80\,[\text{kA/m}]$ の磁界のもとで磁気モーメントがもつエネルギーは,$mH \approx 10^{-17}\,[\text{erg}] \approx 10^{-24}\,[\text{J}]$ 程度となる.一方,室温での熱エネルギーは,温度 $T = 300\,[\text{K}]$ として,$k_\mathrm{B}T \approx 4 \times 10^{-14}\,[\text{erg}] = 4 \times 10^{-21}\,[\text{J}]$($k_\mathrm{B}$ はボルツマン定数)となり,熱エネルギーのほうが約 3 桁大きいことがわかる.このため,磁気モーメントは熱による擾乱を受けて一方向に揃うことができなくなる.

†10 この相互作用を,交換相互作用とよぶ.交換相互作用のメカニズムは量子力学を用いて理解されるが,本書では述べないことにする.詳細は参考文献 1 や 3,あるいは 8, 9, 10 などを参照されたい.

とよぶ．磁性材料とよばれるもののほとんどが強磁性を示す物質，すなわち強磁性体を利用したものであり，本書で学ぶ大部分の人びとが強磁性体を扱うことになると思われるので，特に断らない限り，本書で物質といえば強磁性体であることを前提にして話を進める[†11]．

1.4 磁束密度

1.4.1 磁束密度の定義と単位

磁束密度 (magnetic flux density) B は，磁界 H および磁化 M を使って，以下のように定義される．

$$B = H + 4\pi M \quad (\text{CGS ガウス}) \tag{1.20a}$$

$$B = \mu_0 H + M \quad (\text{MKSA}) \tag{1.20b}$$

B は単位系によって定義式が異なるので，いささかややこしい．MKSA 単位系において使用される μ_0 は真空の透磁率とよばれるもので，

$$\mu_0 = 4\pi \times 10^{-7} \; [\text{H/m}] \tag{1.21}$$

という値と単位をもつ量である．単位の中に使用されている H はヘンリーとよばれ，もともとインダクタンスを表す単位である．H/m の次元は，

$$[\text{H/m}] = [\text{Wb} \cdot \text{m}^{-1} \cdot \text{A}^{-1}] = [\text{m} \cdot \text{kg} \cdot \text{s}^{-2} \cdot \text{A}^{-2}] \tag{1.22}$$

である．MKSA 単位系ではなぜ μ_0 が導入されたかというと，式 (1.3) において CGS ガウス単位系では $k_1 = 1$ とおいたわけであるが，電流を基準にした MKSA 単位系ではそうはいかず，$k_1 = 1/4\pi\mu_0$ となるからである（コラム 3 参照）．

B の単位は，CGS ガウス単位系では，式 (1.20a) より H と同じ Oe で構わないのであるが，G（ガウス）という別の名前がわざわざつけられている．G も

[†11] ここでは，フェリ磁性体も含めて考えている．小さな磁界で大きな磁化が発生するという現象論的な意味では，強磁性体もフェリ磁性体も区別がないので，強磁性体という名称で代表して話を進める．磁気構造による物質の分類については，第 5 章で説明する．

Oe もさらに M の単位である emu/cm^3 も同じ次元をもった単位である．一方，MKSA 単位系では式 (1.20b) から，B の単位は M と同じでよく，実際にも M と同じ単位 Wb/m^2 を使用している．G と Wb/m^2 の換算は比較的単純で，

$$1\,[\text{G}] = 10^{-4}\,[\text{Wb/m}^2] \tag{1.23}$$

という関係がある．B の単位としての Wb/m^2 は T（テスラ）ともよばれ，1 [T] = 10000 [G] と覚えておくとよい．

1.4.2 磁束密度の物理的意味

式 (1.20) で定義される B がどのような物理的意味をもつのか考えてみよう．簡単のために，まず物質のない真空の空間を考える．そのときは $M = 0$ であり，式 (1.20) は，

$$\boldsymbol{B} = \boldsymbol{H} \quad \text{（CGS ガウス）} \tag{1.24a}$$
$$\boldsymbol{B} = \mu_0 \boldsymbol{H} \quad \text{（MKSA）} \tag{1.24b}$$

と書き換えられる．すなわち，CGS ガウス単位系では B と H はまったく同一となる．したがって，$M = 0$ のときは，B と H に本質的な差異はなく，物理的には等価なものと考えてよい．MKSA 単位系では μ_0 がついており，何かいかにも違うもののような印象を与えるが，μ_0 は単位合わせのための単なる比例係数であり，やはり B と H に本質的差異はない．真空空間での B と H の等価性を感覚的に理解しやすいという観点からいえば，CGS ガウス単位系のほうが MKSA 単位系よりも優れているといえよう．

このように $M = 0$ のときは，H とは別にわざわざ B なるものを導入する必要はない．しかし次に，物質が存在し，$M \neq 0$ の場合を考える．その場合には，B は H とは異なった明確な意味をもつようになる．それを説明するために，ここでマックスウェルの方程式 (Maxwell's equations) の復習をしよう．マックスウェルの方程式は，電磁界を記述する最も基本的な微分方程式であり，適当な境界条件と物質内での M と H の間の関係が与えられれば，これを解くことによって B と H の空間分布を導出することができる．大学で電磁気学の講義を受けたことがあるならば，一度は見たことがあるだろう．いま，四つの

方程式のうち磁気に関係するもののみを取り出すと，次の三つになる．

$$\nabla \times \boldsymbol{E} = -\frac{1}{c}\frac{\partial \boldsymbol{B}}{\partial t} \quad (\text{CGS ガウス}) \tag{1.25a}$$

$$\nabla \times \boldsymbol{E} = -\frac{\partial \boldsymbol{B}}{\partial t} \quad (\text{MKSA}) \tag{1.25b}$$

$$\nabla \times \boldsymbol{H} = \frac{1}{c} \cdot \left(4\pi \boldsymbol{j} + \frac{\partial \boldsymbol{D}}{\partial t}\right) \quad (\text{CGS ガウス}) \tag{1.26a}$$

$$\nabla \times \boldsymbol{H} = \boldsymbol{j} + \frac{\partial \boldsymbol{D}}{\partial t} \quad (\text{MKSA}) \tag{1.26b}$$

$$\nabla \cdot \boldsymbol{B} = 0 \quad (\text{CGS ガウス \& MKSA}) \tag{1.27}$$

ただし，$\nabla = \left(\dfrac{\partial}{\partial x}, \dfrac{\partial}{\partial y}, \dfrac{\partial}{\partial z}\right)$

ここで $\boldsymbol{E}$ は電界，$\boldsymbol{D}$ は電束密度（電気変位），$\boldsymbol{j}$ は電流密度，c は光速 (3×10^{10} [cm/s]) である．また，$\nabla \times$（∇ との外積）および $\nabla \cdot$（∇ との内積）は，各々 rot（回転）および div（発散）とも書かれるベクトル演算子である．ベクトル解析に不慣れな人は，このような式を見ると拒絶反応を起こすかもしれない．しかし，式は物理的内容を簡潔に表現するために，あくまで便宜的に用いられるものである．いま理解してほしいのは，物理的内容のほうである．また，単位系の違いによって多少表記が違うが，これも単位合わせのために適当な比例係数がついているだけで本質的なものではないので，あまり深刻に受けとめる必要はない．重要なことは，前記のマックスウェルの方程式において，$\boldsymbol{B}$ と $\boldsymbol{H}$ を取り違えることは決してできない，式 (1.25) では $\boldsymbol{B}$ が，式 (1.26) では $\boldsymbol{H}$ が，そして式 (1.27) では $\boldsymbol{B}$ が使われていることには，それだけの意味があるということである．これから，式 (1.25)，式 (1.26)，式 (1.27) の物理的内容を検討していきながら，$\boldsymbol{B}$ の意味を考えていこう．

(a) 電磁誘導の法則：式 (1.25)

式 (1.25) は，ファラデー (Faraday) の発見した電磁誘導の法則を定式化したものである．電磁誘導とは，たとえばコイルの中に磁石を挿入したり，逆にコイルの中から磁石を引き抜いたりしたときに，そのコイルに起電力が生じるこ

とである.あるいは,必ずしも磁石を出し入れしなくとも,コイルの傍らにもう一つのコイルを並べて電流を流したり切ったりしても同様の現象が生じる.このことは,コイルを貫く磁界 H の時間変化が起電力の原因になっているように一見思われる.しかし,H の時間変化といってしまうのは,じつは正確ではない.起電力の発生原因としては,正しくは,磁束 (magnetic flux) というものを考えねばならない.いま,図 1.9 に示すような円形コイルを考え,そのコイルを縁とする適当な開曲面を貫く磁束密度 B の開曲面に対する法線方向成分を B_n と書くことにする.このとき,コイルを貫く磁束 Φ は,

$$\Phi = \int B_n \mathrm{d}S \tag{1.28}$$

で定義される.$\mathrm{d}S$ は,開曲面内の面積要素である[†12].コイルに発生する起電力 ϵ は,Φ を使って,

$$\epsilon = -\frac{1}{c}\frac{\mathrm{d}\Phi}{\mathrm{d}t} \quad (\text{CGS ガウス}) \tag{1.29a}$$

$$\epsilon = -\frac{\mathrm{d}\Phi}{\mathrm{d}t} \quad (\text{MKSA}) \tag{1.29b}$$

と表される.右辺にマイナスがついているのは,磁束の時間変化を妨げる方向

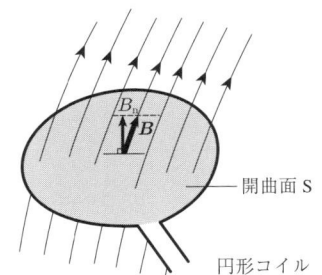

図 1.9 磁束 Φ の定義.$\Phi = \int B_n \mathrm{d}S$

[†12] 磁束 Φ の単位は,式 (1.28) から B の単位に面積の単位をかけたものであり,磁極と同じ次元をもつことがわかる.CGS ガウス単位系では Mx(マックスウェル)という単位を用い,MKSA 単位系では磁極と同じ Wb を用いる.Mx と Wb との関係は,

$$1\ [\text{Mx}] = 10^{-8}\ [\text{Wb}]$$

である.

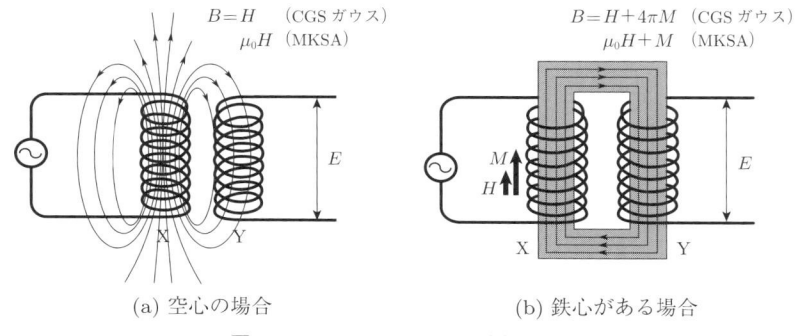

図 **1.10** コイルに生じる誘導起電力

に電流が流れるように起電力が生じる（レンツの法則 (Lenz law)）からである．式 (1.28) と式 (1.29) を合わせて，一つの微分方程式の形に書き換えたものが，式 (1.25) である．

ここで，起電力 ϵ（あるいは電界 E）の発生には，磁界 H のみではなく，磁束密度 B が関係していることを，例をあげて説明しよう．まず，図 1.10a に示すように，真空空間に二つのソレノイド型のコイル X と Y を並べ，コイル X に交流電流を流す．すると，コイル X の周囲に磁界 H が生じ，H は時間に対して振動的に変化する．いま，真空空間を考えているので，H と B は区別する必要がなく，H の変化がそのまま B の変化となり，コイル Y にも起電力が生じ，電流が流れる．次に，図 1.10b に示すように，二つのコイルにリング状の強磁性体（たとえば Fe）を通してみる．その場合には，コイル Y に誘導される起電力は，強磁性体のない場合に比べ，はるかに大きくなる．なぜならば，コイル X を流れる電流によって生じた磁界 H が強磁性体中に磁化 M を発生させ，この M の変化が強磁性体内を通ってコイル Y に伝わるからである[13]．たとえ H は小さくても，大きな M が生じれば H と M の和としての B の変化は大きく，結果的にコイル Y に大きな起電力が生じる．このことは，変圧器（トランス）に利用されている．

---

[13] H が小さくても強磁性体内で大きな M が生じると，大きな B が強磁性体内に生じ，結果として B も H もほとんど強磁性体内に閉じ込められ，外側に漏れ出てこない．磁束は，強磁性体内をぐるりと一巡して戻ってくる．このようなものを，電気回路との類似性から磁気回路とよぶ．

(b) アンペールの法則：式 (1.26)

電界の時間変化を無視すれば，式 (1.26) は定常電流が磁界 $\boldsymbol{H}$ を発生させることを定式化したものである．積分形式では，

$$\oint \boldsymbol{H} \cdot \mathrm{d}\boldsymbol{s} = \frac{4\pi}{c} I \qquad (\text{CGS ガウス}) \tag{1.30a}$$

$$\oint \boldsymbol{H} \cdot \mathrm{d}\boldsymbol{s} = I \qquad (\text{MKSA}) \tag{1.30b}$$

と書ける．ここで，$\oint$ はある閉曲線上で行うこととし，$\mathrm{d}\boldsymbol{s}$ はその線素ベクトルである．また I は閉曲線で囲まれた面を流れる電流の総和である（図 1.11 参照）．式 (1.30) は，閉曲線に沿って $\boldsymbol{H}$ の接線方向成分を積分した値が，閉曲線で囲まれた面を流れる電流の総和に比例することを意味するもので，アンペールの法則 (Ampére's law) とよばれる．たとえば，図 1.3 に示したように，直線電流の回りには同心円上に磁界 $\boldsymbol{H}$ は発生する．そして電流から距離 r の位置での磁界の大きさ H は，式 (1.30) から，

$$H = \frac{2I}{cr} \qquad (\text{CGS ガウス}) \tag{1.31a}$$

$$H = \frac{I}{2\pi r} \qquad (\text{MKSA}) \tag{1.31b}$$

と導かれる．ここで，電流が発生させるのはあくまで $\boldsymbol{H}$ であって，$\boldsymbol{M}$ でも $\boldsymbol{B}$ でもないことに注意されたい．図 1.3 において，電流が流れる銅線が真空空間

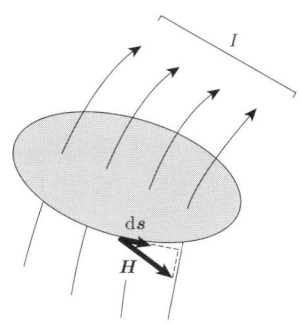

図 **1.11** アンペールの法則．$\oint \boldsymbol{H} \cdot \mathrm{d}\boldsymbol{s} \propto I$

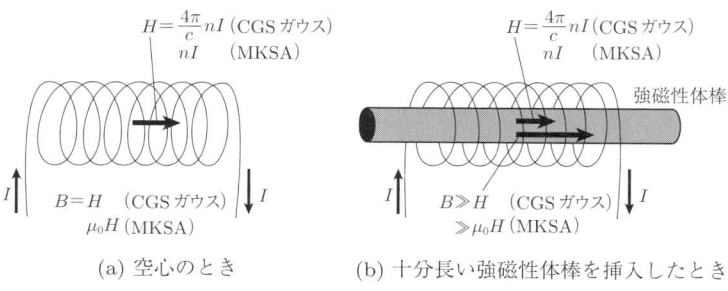

(a) 空心のとき　　(b) 十分長い強磁性体棒を挿入したとき

図 1.12　ソレノイド内部の磁界と磁束密度

ではなく強磁性体中に埋め込まれていた場合（銅線と強磁性体との間は絶縁されていなくてはならないが！）を考えると，その強磁性体中には大きな M と B が発生するだろうが，それはまず電流が H を発生させ，その結果として大きな M と B が発生したのである．この因果関係を混乱させてはならない．

念のため，もう一つ例をあげておく．図 1.12 のようなソレノイドを考える．ソレノイドの中の磁界の大きさ H は，電流を I，単位長さあたりのコイルの巻き数を n として，式 (1.30) から，

$$H = \frac{4\pi}{c} nI \quad (\text{CGS ガウス}) \tag{1.32a}$$

$$H = nI \quad (\text{MKSA}) \tag{1.32b}$$

と近似的に表される．いま，このソレノイドの中に強磁性体の十分長い棒を挿入する．強磁性体には大きな M が発生し，結果としてソレノイドの中に大きな B が走る．しかし，磁界の大きさ H はあくまで式 (1.32) のまま変わらない．この場合，H は電流によって決められているのである．ただし断っておくと，もし強磁性体の棒の長さが短い場合には，棒の端の効果が無視できなくなり，事情は複雑になる．なぜなら，M の発生により棒の端に磁極が生じ，その磁極が新たな磁界を発生させるからである．電流だけでなく磁極が存在する場合の H や B の分布を知る場合には，式 (1.26) だけではなく，次に述べるように式 (1.27) の助けを借りなければならない．

(c) ガウスの法則：式 (1.27)

いま，各点で，その接線の方向と向きが磁束密度 B の方向と向きに一致するような曲線群を考え，これを磁束線とよぶことにする．磁力線は磁界 H の分布を表すものであるのに対し，磁束線は磁束密度 B の分布を表すものとして定義される．磁力線の場合と同様，磁束線の密度は B の大きさに比例している．

式 (1.27) の意味を理解するために，積分形式に直すと，

$$\int B_\mathrm{n} \mathrm{d}S = 0 \tag{1.33}$$

となる．ここで，積分は適当な閉曲面上で行うこととし，$\mathrm{d}S$ はその面積要素である．また，B_n は B の閉曲面に対する法線方向成分である．この式は，ある任意の閉曲面上での B の法線方向成分の総和はつねにゼロであることを意味している．これは，磁気に関するガウスの法則として知られる．言い換えれば，図 1.13 に示すように，ある閉曲面内に入った磁束線は必ず同じ分だけその閉曲面から出て行くということで，すなわち磁束線はどこかから湧き出したりどこかに吸い込まれたりすることは絶対になく，磁束線はつねに連続であるということである．一方，すでに 1.1.1 節で見たように，H を表す磁力線は N 極から現れ S 極で消える．すなわち，磁界 H にとっては磁極が湧き出し口や吸い込み口になっているのである．このことを式のうえで見るために，式 (1.27) の B を H と M に分解し，次のように表そう．

$$\nabla \cdot B = \nabla \cdot H + 4\pi \nabla \cdot M = 0 \quad (\text{CGS ガウス}) \tag{1.34a}$$

$$\nabla \cdot B = \mu_0 \nabla \cdot H + \nabla \cdot M = 0 \quad (\text{MKSA}) \tag{1.34b}$$

したがって，

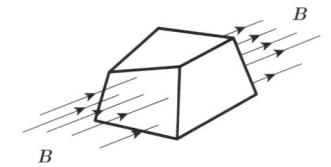

図 **1.13** 磁束線は入った分だけ必ず出ていく

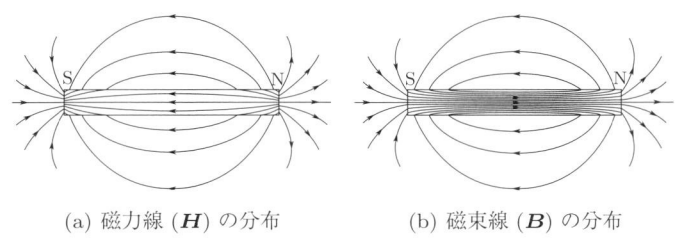

(a) 磁力線 (H) の分布　　　(b) 磁束線 (B) の分布

図 **1.14**　棒状永久磁石の作る磁界と磁束密度

$$\nabla \cdot H = -4\pi \nabla \cdot M = 4\pi \rho \quad \text{(CGS ガウス)} \tag{1.35a}$$

$$\mu_0 \nabla \cdot H = -\nabla \cdot M = \rho \quad \text{(MKSA)} \tag{1.35b}$$

と書ける．ρ は，単位体積あたりの磁極密度である．さらに，式 (1.35) を積分形式で書けば

$$\int H_\mathrm{n} \mathrm{d}S = -4\pi \int M_\mathrm{n} \mathrm{d}S = 4\pi Q \quad \text{(CGS ガウス)} \tag{1.36a}$$

$$\mu_0 \int H_\mathrm{n} \mathrm{d}S = -\int M_\mathrm{n} \mathrm{d}S = Q \quad \text{(MKSA)} \tag{1.36b}$$

となる．このとき，式 (1.33) の場合と同様に，積分は適当な閉曲面上で行うこととし，H_n および M_n はそれぞれ H および M の閉曲面に対する法線方向成分である．また，Q は閉曲面で囲まれる空間内の磁極の総和 ($\int \rho \mathrm{d}v$) である．式 (1.36) は，ある閉曲面を考えたときに，その閉曲面から湧き出したり吸い込まれたりする H および M の総和は，閉曲面内の Q に比例することを示している．図を使って説明しよう．いま，外部磁界のない真空空間に棒状の永久磁石を置いたとしよう．このとき，棒磁石の作る磁力線 (H) と磁束線 (B) の分布の様子を，それぞれ図 1.14a，b に示す．磁力線は N 極から生じ S 極で消えるように分布しており，磁極のある棒磁石の両端で不連続となっている．一方，磁束線は棒磁石の両端でも連続的につながっている．

ここで，棒磁石の端の磁束線の連続性を，式 (1.36) を使って，具体的に確認してみよう．いま，棒磁石は一様に磁化され，棒磁石の端面は十分広く，端面での H, M, B も一様であるとする．このとき，図 1.15a に示すように，磁化 M は棒磁石の端面に垂直にぶつかり，磁極を発生させる．端面の単位面積を囲

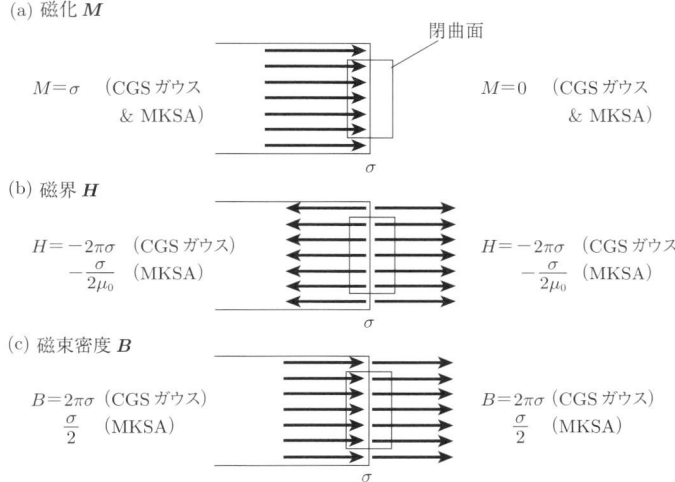

図 1.15　棒磁石端面での磁化・磁界・磁束密度

む閉曲面を考え，式 (1.36) を適用すると，

$$M = \sigma \quad (\text{CGS ガウス \& MKSA}) \tag{1.37}$$

となる．ここで σ は，棒磁石の端面の単位面積あたりの磁極密度である．一方，磁界 H に関しては，棒磁石の端面から両側に湧き出す（図 1.15b 参照）ので，やはり式 (1.36) を使って，

$$H = 2\pi\sigma \quad (\text{CGS ガウス}) \tag{1.38a}$$

$$H = \frac{\sigma}{2\mu_0} \quad (\text{MKSA}) \tag{1.38b}$$

の大きさの磁界が生じることがわかる．ただし，端面の両側では向きが逆，すなわち符号は逆である．このとき，端面の両側での磁束密度 B を求めてみる．まず，棒磁石の内側では，H と M が逆向きであることに注意して，式 (1.37)，式 (1.38) より，

$$B = H + 4\pi M = 2\pi\sigma \quad (\text{CGS ガウス}) \tag{1.39a}$$

$$B = \mu_0 H + M = \frac{\sigma}{2} \quad (\text{MKSA}) \tag{1.39b}$$

である．一方，棒磁石の外側では $M = 0$ であり，式 (1.38) の H のみが有効で，

$$B = H = 2\pi\sigma \quad \text{(CGS ガウス)} \tag{1.40a}$$

$$B = \mu_0 H = \frac{\sigma}{2} \quad \text{(MKSA)} \tag{1.40b}$$

となる．したがって，式 (1.39) と式 (1.40) より，棒磁石の端面の両側での B は同一であることが示された（図 1.15c 参照）．

ここで，図 1.14 および図 1.15 を見ると，棒磁石の内部では H と B および H と M の向きが逆になっていることに注意しよう．このことは，磁石の磁化 M によって生じた磁極が，M と逆向きの磁界を発生させることを意味している．このような磁界を反磁界とよぶ．反磁界は，物質の磁化過程を考えるときに非常に重要なので，あらためて別項を設け 2.2 節で説明する．

式 (1.27) の意味について，やや別の切り口で説明を付け加えよう．いま，一つの界面を考える．その界面は物質と真空空間との界面でもよいし，お互いに磁化の異なる二つの物質の間の界面でもよい．このような界面に磁界が印加されれば，界面の両側での磁化が異なるので，界面に磁極が生じる．その結果，磁力線は界面で不連続になるが，磁束線は連続であることはすでに述べたとおりである．この界面を囲む閉曲面を考えると，式 (1.33) より，

$$B_{1n} = B_{2n} \tag{1.41}$$

と書くことができる．ここで，B_{1n}, B_{2n} はそれぞれ界面の両側における B の界面に対する法線方向成分である．すなわち，界面での磁束密度 B の界面に対する法線方向成分は，界面の両側で等しいということができる（図 1.16 参照）．B の法線方向成分はつねに等しいということを応用して，図 1.17 に示すように一様な外部磁界のかかった真空空間に強磁性体の楕円体を置いたときの，B の分布について考えてみよう．楕円体の長軸方向を磁界に平行とする．楕円体内では，M の発生に伴い，大きな B が外部磁界と同じ方向に生じる．ところで，楕円体の表面では式 (1.41) が成り立たねばならない．楕円体内で大きな B が存在しているので，楕円体の両端で B の法線方向成分の連続性を保つためには，楕円体の外側でも大きな B が存在しなければならない．楕円体の外側は真空空間であるから，B と H は等価であり，結果的に磁束線も磁力線も楕円体

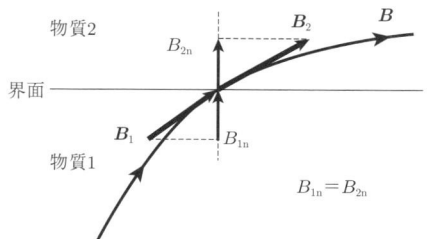

図 1.16　磁束密度 B の法線方向成分はつねに等しい

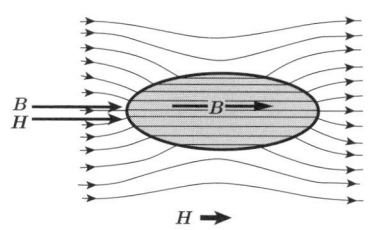

図 1.17　一様な磁界中に強磁性回転楕円体を置いたときの磁束密度 B の分布

の両端に密に束ねられ大きな B および H がそこで生じる．一方，逆に楕円体の側面では磁束線も磁力線も疎となり，B や H も弱い．もし，楕円体の両端に磁極が発生することを考えれば，磁極のあるところに磁力線や磁束線が集中することは当然だと思うかもしれないが，磁極の存在をあらわに考えなくとも，式 (1.27) すなわち B の法線方向成分の連続性を考えるだけで，磁力線や磁束線が楕円体に集中することは予見できるのである．

式 (1.27) の説明がずいぶん長くなったが，最後にもう一つ説明を付け加えておく．式 (1.27) は，すでに述べた磁気単極子は存在しないという事実とも対応している．磁界 H は磁極から湧き出したり磁極に吸い込まれたりするが，磁束密度 B は磁極から湧き出したり磁極に吸い込まれたりしないということは，磁極の存在はつねに磁化 M の存在によってもたらされるということを意味している．すなわち，M のないところに磁極は存在し得ない．M は，N (+) と S (−) の磁極の対によって定義されるものであるから，すなわち単独で取り出せる磁極というものはあり得ないのである．

コラム2：磁気的諸量のCGSガウス単位系とMKSA単位系の換算について

磁気的諸量のCGSガウス単位系とMKSA単位系の換算関係はどのように導かれるのか，ここで説明しておこう．q の大きさをもつ二つの磁極を距離 r だけ隔てて置いたとき，各々に作用する力 F_{q-q} は，クーロンの法則より，CGSガウス単位系では，

$$F_{q-q} = \frac{q^2}{r^2} \tag{C2.1}$$

と表され，一方MKSA単位系では，

$$F_{q-q} = \frac{1}{4\pi\mu_0}\frac{q^2}{r^2} \tag{C2.2}$$

と表される．μ_0 は真空の透磁率であり，式 (1.21) に示されている．いま，CGSガウス単位系で，1 [emu/cm] の磁極を 1 [cm] 隔てて置いたときの力は，式 (C2.1) から 1 [dyne] である．このことをMKSA単位系で表すと，式 (C2.2) より，

$$F_{q-q} = \frac{1}{4\pi\mu_0} \cdot (q_{\mathrm{MKSA}}\,[\mathrm{Wb}]/0.01\,[\mathrm{m}])^2 = 10^{-5}\,[\mathrm{N}] \tag{C2.3}$$

となる．ただし，q_{MKSA} は，CGSガウス単位の 1 [emu/cm] に相当する磁極をMKSA単位 (Wb) で表したものである．また，1 [cm] = 0.01 [m]，1 [dyne] = 10^{-5} [N] の関係を用いている．したがって，式 (C2.3) より，

$$q_{\mathrm{MKSA}} = \sqrt{4\pi\mu_0} \times 10^{-9}\,[\mathrm{Wb}] \tag{C2.4}$$

であり，式 (1.21) に示したように $\mu_0 = 4\pi \times 10^{-7}$ であることを使えば，

$$q_{\mathrm{MKSA}} = 4\pi \times 10^{-8}\,[\mathrm{Wb}] \tag{C2.5}$$

となる．すなわち，式 (1.12) の 1 [emu/cm] = $4\pi \cdot 10^{-8}$ [Wb] の関係が導かれた．この式 (1.12) の導き方が理解されれば，他の換算関係は基本的な式を用いて自動的に導出できる．たとえば，式 (1.1) の $\boldsymbol{F} = q\boldsymbol{H}$ の関係を用いれば，CGSガウス単位系で 1 [emu/cm] の磁極を 1 [Oe] の磁界中に置いたときの力が 1 [dyne] であるから，これをMKSA単位系で表現すれば，

$$F = (4\pi \cdot 10^{-8} \text{ [Wb]}) \cdot (H_{\text{MKSA}} \text{ [A/m]}) = 10^{-5} \text{ [N]} \tag{C2.6}$$

であり，$H_{\text{MKSA}} = 10^3/4\pi$ [A/m] となる．ここで，H_{MKSA} は，CGS ガウス単位の 1 [Oe] を MKSA 単位で表したものであるから，式 (1.7) の 1 [Oe]＝$10^3/4\pi$ [A/m] が導かれる．他の諸量の換算関係の導出は，読者自身が確認されたい．主要な磁気的諸量の換算関係は，一覧表にして巻末の付録にまとめておく．

コラム３：真空の透磁率 μ_0 について

　真空の透磁率 μ_0 はなぜ $4\pi \times 10^{-7}$ という値なのであろうか．これは，MKSA 単位系において，電流の単位 A（アンペア）を定義するときに決まったのである．いま，距離 r を隔てた 2 本の平行導線に各々電流 I_1, I_2 を流すことを考えよう．このとき，電流によって磁界が発生し，磁界は電流に作用する．したがって，2 本の導線は互いに力を及ぼし合うことになる．単位長さあたりに加わる力 f_{12} は I_1, I_2 に比例し，円周長 $2\pi r$ に反比例するので，

$$f_{12} = \mu_0 \cdot \left(\frac{I_1 I_2}{2\pi r}\right) \tag{C3.1}$$

と書くことができる．このときの比例係数が μ_0 である．そして，MKSA 単位系における電流の単位 A は，$r = 1$ [m], $I_1 = I_2 = 1$ [A] のとき $f_{12} = 2 \cdot 10^{-7}$ [N] の力が作用するように定義される．したがって，式 (C3.1) から $\mu_0 = 4\pi \cdot 10^{-7}$ が導かれるのである．

　ここで注意したいことは，μ_0 は物理的測定によって求められる定数ではなく，電流の単位を定義するときに導入された人工的な定数であるということである．「真空の透磁率」という呼称は，いかにも μ_0 という感受率で真空が磁化するかのような誤解を抱かせるが，もちろん真空は磁化しない．1.4.2 節でも述べたように，μ_0 は単位合わせのための定数である．だからこそ，π などという無理数がついている．一方，真空の誘電率 ε_0 はあくまで物理的測定によって求められる定数であることに注意したい．電

磁気学の教科書に書かれているように，光速度 c と ε_0, μ_0 との間には，

$$c = \frac{1}{\sqrt{\varepsilon_0 \mu_0}} \tag{C3.2}$$

の関係がある．ここで c も ε_0 も物理的測定によって求められる定数であり，これらを結びつける μ_0 は人工的な定数である．言い換えれば，c を測定することは ε_0 を測定することと等価であり，逆もまた同様である．式 (1.25)，式 (1.26) のマックスウェルの方程式を見ればわかるように，CGSガウス単位系による表現では ε_0 や μ_0 があらわに出てこないが，その分 c が現れている．

では最後に，式 (C3.1) によって定義された μ_0 が，MKSA単位系における磁極間のクーロンの法則，式 (C2.2) で出てくる μ_0 と同じであることを説明しておこう．式 (C3.1) を言い換えれば，直線電流 I の垂直方向に磁界 H が作用したとき，直線電流に及ぼされる単位長さあたりの力 f は，

$$f = \mu_0 I H \tag{C3.3}$$

と表されることと同等である．ここで，図のように，直線電流 I から距離 r のところに磁極 q があることを考えよう．磁極 q が受ける力 F_q は，1.1.2 節で説明したように，

$$F_q = qH = \frac{qI}{2\pi r} \tag{C3.4}$$

と書ける．次に，直線電流 I が受ける力 F_I を考える．（単位長さあたり

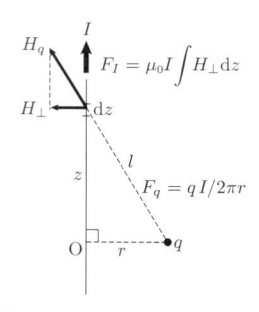

図　直線電流 I と距離 r を隔てて置かれた磁極 q との間に及ぼし合う力

ではなく，直線電流全体が受ける力を F_I とおく．）いま，MKSA 単位系におけるクーロンの法則の係数を未知として k とおけば，磁極 q が距離 l だけ離れたところに作る磁界 H_q は，

$$H_q = k \frac{q}{l^2} \tag{C3.5}$$

である．この式 (C3.5) は，式 (C2.2) の $1/4\pi\mu_0$ を k と置き換えたものと等価であることを理解されたい．さて，直線電流 I には，磁極 q が作る磁界の電流に対する垂直成分 $H_\perp$ のみが作用する．したがって，式 (C3.3) を用いて，直線電流の線素 dz が受ける力 df_I は，

$$df_I = \mu_0 I H_\perp dz \tag{C3.6}$$

と書ける．ここで，図から，

$$H_\perp = k \frac{qr}{(z^2 + r^2)^{\frac{3}{2}}} \tag{C3.7}$$

と書けるので F_I は，

$$\begin{aligned} F_I &= \int df_I \\ &= \mu_0 I \int H_\perp dz \\ &= k\mu_0 I q r \int (z^2 + r^2)^{-\frac{3}{2}} dz \end{aligned} \tag{C3.8}$$

である．$\int (z^2 + r^2)^{-\frac{3}{2}} dz = 2/r^2$ であるから，

$$F_I = 2k\mu_0 \frac{qI}{r} \tag{C3.9}$$

が得られる．作用・反作用の関係から，式 (C3.4) と式 (C3.9) は等しくなければいけないので，

$$k = \frac{1}{4\pi\mu_0} \tag{C3.10}$$

> となり，MKSA単位系でのクーロンの法則の係数は $1/4\pi\mu_0$ であることがわかる．以上から，式 (C3.1) によって定義された μ_0 が，MKSA単位系における磁極間のクーロンの法則，式 (C2.2) で出てくる μ_0 と同じであることが理解された．

1.5 SI単位系

SI単位系とは国際単位系のことであり，フランス語の Le Système International d'Unités に由来する．（英語でいえば，The Internationl System of Units である．）MKSA単位系 = SI単位系と思っている人も少なくないが，磁気の世界では事情がやや複雑である．じつは，MKSA単位系にも2種類があり，以下のように磁束密度 $\boldsymbol{B}$ の定義が異なる．

$$\boldsymbol{B} = \mu_0 \boldsymbol{H} + \boldsymbol{M} \tag{1.42a}$$

$$\boldsymbol{B} = \mu_0(\boldsymbol{H} + \boldsymbol{M}) \tag{1.42b}$$

式 (1.42a) は式 (1.20b) とまったく同じであり，1.4節で用いたMKSA単位系である．これは，MKSA単位系の中でも E-H 対応とよばれる．一方，式 (1.42b) は E-B 対応とよばれ，これがSI単位系における $\boldsymbol{B}$ の定義なのである．E-H 対応と E-B 対応の違いは，$\boldsymbol{M}$ が μ_0 でくくられているか否かの違いであり，磁化 $\boldsymbol{M}$ の単位と数値が異なってくる．式 (1.42b) を見ればわかるように，SI単位系での磁化 $\boldsymbol{M}$ の単位は磁界 $\boldsymbol{H}$ と同じであり，A/m である．CGSガウス単位系，E-H 対応のMKSA単位系，および E-B 対応のMKSA単位系（すなわちSI単位系）の三つに関する磁化の大きさ M の換算関係を書くと，

$$\begin{aligned}
&1\,[\mathrm{emu/cm^3}] &&(\text{CGS ガウス})\\
&= 4\pi \times 10^{-4}\,[\mathrm{Wb/m^2}] &&(E\text{-}H \text{ 対応 MKSA})\\
&= 10^3\,[\mathrm{A/m}] &&(E\text{-}B \text{ 対応 MKSA すなわち SI})
\end{aligned} \tag{1.43}$$

となる[†14]. 当然のことながら, E-H 対応の MKSA 単位系と SI 単位系では, $\mu_0 = 4\pi \times 10^{-7}$ だけ数値が異なっている. 同様に, 磁気モーメントおよび磁極の単位と数値も変わり,

磁気モーメント:

$$\begin{aligned}
1 \text{ [emu]} &\quad (\text{CGS ガウス}) \\
&= 4\pi \times 10^{-10} \text{ [Wb} \cdot \text{m]} \quad (E\text{-}H \text{ 対応 MKSA}) \\
&= 10^{-3} \text{ [A} \cdot \text{m}^2] \quad (E\text{-}B \text{ 対応 MKSA すなわち SI})
\end{aligned} \tag{1.44}$$

磁極:

$$\begin{aligned}
1 \text{ [emu/cm]} &\quad (\text{CGS ガウス}) \\
&= 4\pi \times 10^{-8} \text{ [Wb]} \quad (E\text{-}H \text{ 対応 MKSA}) \\
&= 10^{-1} \text{ [A} \cdot \text{m]} \quad (E\text{-}B \text{ 対応 MKSA すなわち SI})
\end{aligned} \tag{1.44}$$

となる. SI 単位系では, 磁極と磁気モーメントが E-H 対応の MKSA 単位系とは μ_0 だけ異なるので, 式 (1.1), 式 (1.14) および式 (1.16) はそれぞれ,

$$\boldsymbol{F} = \mu_0 q \boldsymbol{H} \tag{1.45}$$

$$\boldsymbol{T} = \mu_0 \boldsymbol{m} \times \boldsymbol{H} \tag{1.46}$$

$$E = -\mu_0 \boldsymbol{m} \cdot \boldsymbol{H} \tag{1.47}$$

と書き換えられる[†15].

[†14] SI 単位系における $\mu_0 \boldsymbol{M}$ を磁気分極 (magnetic polarization) とよび, $\boldsymbol{I}$ あるいは $\boldsymbol{J}$ と書く場合がある. この場合の $\boldsymbol{I}$ ($\boldsymbol{J}$) は E-H 対応 MKSA 単位系における磁化 $\boldsymbol{M}$ そのものである.

[†15] 式 (1.45), 式 (1.46), 式 (1.47) は多くの教科書には, それぞれ $\boldsymbol{F} = q\boldsymbol{B}$, $\boldsymbol{T} = \boldsymbol{m} \times \boldsymbol{B}$ および $E = -\boldsymbol{m} \cdot \boldsymbol{B}$ のように記述されている. 真空中であれば, $\boldsymbol{B} = \mu_0 \boldsymbol{H}$ であるから, これらはまったく同等である. それでは, 磁化 $\boldsymbol{M}$ のある物質中では, 磁極あるいは磁気モーメントに作用するのは磁界 $\boldsymbol{H}$ であろうか, 磁束密度 $\boldsymbol{B}$ であろうか. じつは, この質問に答えるのは単純ではない. もし磁極あるいは磁気モーメントが有限の大きさをもつものであれば物質中でその大きさの分をくり抜いて, その中空部分に生じる磁界を考えればよいであろう. 中空部分に生じる磁界は, その物質中の $\boldsymbol{H}$ でもなければ $\boldsymbol{B}/\mu_0 (= \boldsymbol{H} + \boldsymbol{M})$ でもなく, その中間の値となるであろう. もし磁極あるいは磁気モーメントの大きさが無視できるほど十分小さいものであれば, どうであろうか. その場合は, 磁極あるいは磁気モーメントの周りの原子 1 個 1 個の磁気モーメントからの磁界を考える必要が出てくる. われわれはここで, いま取り扱っている $\boldsymbol{H}$ や $\boldsymbol{B}$ はあくまで巨視的な物理量であることに注意したい. (磁化 $\boldsymbol{M}$ も単位体積あたりの磁気モーメントの総和, すなわち平均であり, 巨視的な物理量である.) 原子磁気モーメント 1 個 1 個からの磁界を厳密に考えることは, 古典電磁気学の範囲を超える問題であるが, かつてローレンツ (Lorentz) は簡単な考察により, $\boldsymbol{H}$ と $\boldsymbol{B}/\mu_0$ の中間的な値になることを示した. このような微視的な磁界をローレンツ磁界 (Lorentz field) とよんでいる.

ここで，SI 単位系における磁化 M の単位が A/m であることの物理的意味について述べておこう．磁化 M は，式 (1.17) で表されるように，単位体積あたりの磁気モーメントの総和と定義されている．磁気モーメントは，式 (1.8) で定義されているように，磁極と磁極間距離の積で表される．しかし，この磁気モーメントの定義は，磁極を基準にした考え方に基づいているのである．詳しくは第 5 章で述べるが，磁気双極子と円電流は等価であり，

$$m = k\pi r^2 I \tag{1.48}$$

と表される．ここで，m は磁気双極子が有する磁気モーメントの大きさであり，k は適当な比例係数，r は円の半径，I は電流の大きさである．SI 単位系では，すべてが電流を基準にした考え方に基づいており，k が無次元量の 1 となる．したがって，磁気モーメントの単位は $A \cdot m^2$ であり，単位体積あたりの磁気モーメントである磁化の単位は A/m になるのである．なお，E-H 対応 MKSA 単位系では $k = \mu_0$ であり，CGS ガウス単位系では $k = 1/c$ である．

ここまで読めばすでにわかるであろうが，E-H 対応の MKSA 単位系は，MKSA とはいうものの，磁気モーメントや磁化については磁極基準になっているのである．その点，E-B 対応の MKSA 単位系，すなわち SI 単位系では，電流基準という考え方が徹底し，磁界も磁化も電流を発生源とし，電流の大きさを基準に決められているのである．本書では，初めに磁極というものを考えたほうが初学者にはわかりやすいという思想のもとに，E-H 対応の MKSA 単位系を用いてひととおりの説明を行った後，SI 単位系を導入するという構成にした．第 2 章以降は必要に応じて，CGS ガウス単位系，E-H 対応の MKSA 単位系，SI 単位系の三つを併記することにする（コラム 4 参照）．

コラム 4：E-H 対応と E-B 対応について

1.5 節で，MKSA 単位系にも E-H 対応と E-B 対応の 2 種類があり，そのうち E-B 対応の MKSA 単位系が SI 単位系であることを述べた．では，なぜ E-H 対応，E-B 対応とよばれるのであろうか．これは，電界 E，電束密度 D，電気分極 P の間の関係式，

$$D = \varepsilon_0 E + P \tag{C4.1}$$

との対応に基づいている．E-H 対応では，式 (C4.1) と式 (1.42a) を見比べれば明らかなように，$E \Leftrightarrow H$, $P \Leftrightarrow M$, $D \Leftrightarrow B$ を対応させている．一方，E-B 対応では，式 (1.42b) を次のように書き換えてみる．

$$H = \frac{1}{\mu_0} B - M \tag{C4.2}$$

式 (C4.1) と式 (C4.2) を見比べれば，$E \Leftrightarrow B$, $P \Leftrightarrow M$, $D \Leftrightarrow H$ の対応関係が理解されるであろう．

じつは，この対応関係の違いは，単なる単位系の問題のみならず，磁気の実体をどのように認識するかという本質的な問題と関係している．本書では，まず磁界 H を磁気の実体を表す量として導入した．そして，式 (1.1) で表される磁極が受ける力を磁気の実体を認識する手段として，すべての議論の出発点とした．それから磁化 M を定義し，式 (1.20) により磁束密度 B を導入する，という構成となっている．本書では，E-H 対応 MKSA 単位系を最初に説明しているので，これは当然の流れといえる．しかし，E-B 対応 MKSA 単位系，すなわち SI 単位系にのみ準拠している最近の多くの電磁気学の教科書ではこのような構成はとらず，まず磁気の実体として磁束密度 B を導入する．そして，磁気の実体を認識する手段として，電流 I が磁束密度 B から受ける力，

$$F = I \times B \tag{C4.3}$$

を考える．この式 (C4.3) は，真空中で $B = \mu_0 H$ であることを考えれば，既出の式 (C3.1) および式 (C3.3) と等価である．ただし，式 (C4.3) では，電流も磁束密度もベクトルであり，一般化された表現となっている．式 (C4.3) によって，B の単位が決定される．こうして B から出発し，それから磁化 M を定義し，しかるのちに式 (C4.2) によって磁界 H を導入するのである．

以上のように，E-H 対応と E-B 対応では，磁気の実体認識における出

発点が異なる．徹底した電流中心主義で行くならば，E-B 対応の方が妥当であり，まさに徹底した電流中心主義こそが SI 単位系の思想である．1.5 節で述べたように，本書では初めに磁極を考えたほうが初学者にはわかりやすいという筆者の思想に基づいて，E-H 対応の MKSA 単位系から出発した．このように，磁気の単位系の選択は単なる単位の問題ではすまされず，磁気をどのように考えるかという本質的な問題とも関わってくる．磁気の単位のむずかしさはここにある．SI 単位系への移行が容易ではないのも，必ずしも磁気に関わっている者が頑固者だからということではなく，単位系が，おそらく他の分野に比べて，より本質的な問題に関わっているからと考えることができよう．

第 1 章　演習問題

演習問題 1.1

CGS ガウス単位系で，磁界 H の単位 Oe と磁化 M の単位 emu/cm^3 とが同一の次元をもつことを導け．

演習問題 1.2

電磁誘導の法則：式 (1.29b) において，起電力 ϵ の単位が V，磁束 Φ の単位が Wb であるから，単位の次元としては，[Wb] = [V·s] が成り立たなければならない．このことを導け．

また，一般にインダクタンス L は，回路を貫く磁束 Φ と電流 I を使って，次のように定義される．

$$\Phi = LI \tag{1}$$

これを式 (1.29b) に代入すれば

$$E = L\frac{dI}{dt} \tag{2}$$

となり，交流回路理論でよく知られた式になる．このときの，インダクタンス L の単位 H（ヘンリー）が，透磁率の単位 H/m の H と同一であることを導け．

演習問題 1.3

コラム 4 の式 (C4.3) で定義される磁束密度 B の単位の次元が，式 (1.20b) で定義される B の単位 (Wb/m^2) の次元と同一であることを導け．（注：式 (C4.3) の F は，単位長さあたりの力であることに注意する．）

演習問題 1.4

E-H 対応 MKSA 単位系で式 (C2.2) のように表されたクーロンの法則が，SI 単位系では，

$$F_{q-q} = \frac{\mu_0}{4\pi}\frac{q^2}{r^2} \tag{3}$$

のように書き換えられることを導け．また，コラム 3 の流れに従って，CGS

ガウス単位系と SI 単位系の換算について考察せよ．

演習問題 1.5
内部が中空の軟磁性体の球を考える．この球を磁界の中に置いたとき，球の内部では外部に比べ磁界は非常に小さくなる（磁気シールド）．この理由を，ガウスの法則に従って定性的に考察せよ．また，磁界が非常に強くなると，磁気シールドは効かなくなる．この理由も同時に考察せよ．

演習問題 1.6
広く薄い平面板が，面に垂直に一様に磁化されているような板磁石を考えよう．このような板磁石では，磁石の外部には磁界が生じないことを示せ．

第2章

磁化曲線

　第1章では，磁界，磁化および磁束密度の意味を説明した．次にわれわれが興味あることは，ある物質に外部磁界 H を印加したときに，磁化 M が H の関数としてどのように現れるか，という問題である．H の関数として表した M の曲線のことを磁化曲線 (magnetization curve) あるいは M-H 曲線とよぶ[†16]．磁化曲線は物質によってさまざまであるが，その物質の磁気に関する重要な情報を含んでいる．ここでは，強磁性体の典型的な磁化曲線と，それに関係する物理量について学ぼう．

2.1　磁化曲線における基本的物理量

　図 2.1 に，磁化曲線の例を示す．まず，$H=0$ で磁化されていない状態，すなわち $M=0$ の状態（原点 O）から出発する[†17]．H を正の方向に増加すると，M も増加し，A, B を通って C に至り飽和する．C の状態から H を減じると，M の変化は非可逆的であり，決して CBAO のように戻りはしない．そこで，初めに H を増大させたときに得られる OABC の曲線を，特に初磁化曲線 (initial magnetization curve) と名づける．C の状態から H を減じると，$H=0$

[†16] $\boldsymbol{H}$ も $\boldsymbol{M}$ もベクトル量であるが，通常は $\boldsymbol{H}$ の方向に現れる $\boldsymbol{M}$ の成分に着目する．したがって，$\boldsymbol{H}$ の方向を z 軸とすると，横軸に H_z，縦軸に M_z をとる．M_x や M_y が重要なこともあるが，一般的には M_z を H_z の関数として表したものを M-H 曲線とよぶ．
[†17] 強磁性体の場合，隣り合う磁気モーメントが揃って自発磁化をもっているわけだから，$H=0$ も初めからなにがしかの M をもっていてよい気がする．しかし実際には，強磁性体の内部は磁気モーメントの揃ったいくつかの区域に分かれている．この区域を磁区という．そして，磁区ごとに磁気モーメントの方向が異なり，全体としての M はほとんど 0 になっている場合が多い．特に，強磁性体の試料を作製したばかりで，一度も磁界を印加したことがないような場合には，たいてい $M=0$ になっている．また，適当な処理を行うことで磁区を作り，$M=0$ にすることもできる．このような処理を消磁といい，$M=0$ の状態を消磁状態とよぶ．磁区については，3.3 節で述べる．

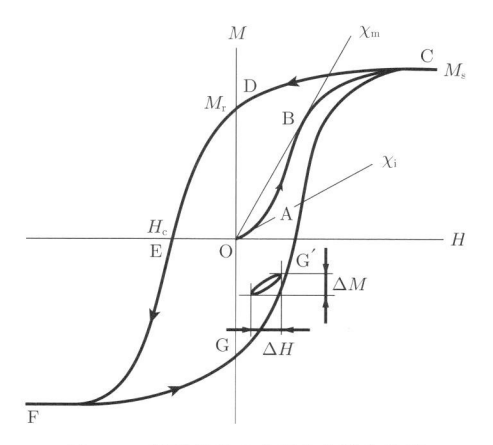

図 2.1 強磁性体の典型的な磁化曲線

でも M が残っている状態 D を通って,ある負の H で $M = 0$ となる(状態 E).この DE の曲線を減磁曲線 (demagnetizing curve) という.さらに H を減じると,M は負の方向に増加し,飽和して F に至る.F から再び H を増大させれば,G を通り C に戻る.C から始まり DEFG を通って C に戻る一周の曲線をヒステリシスループ (hysteresis loop) とよぶ.また,ヒステリシスループ上の任意の点,たとえば G′ から H を ΔH だけ減少・増加させ G′ に戻す.このときできるループをマイナーループ (minor loop) とよんでいる.

図 2.1 の磁化曲線から定義される,強磁性体の磁気特性を表す重要な物理量を,項目に分けて以下に説明する.

(a) 磁化率

磁化率 (magnetic susceptibility) χ は磁化されやすさの指標であり,M/H で定義されるものを全磁化率,dM/dH を微分磁化率とよぶ.磁化率は,磁化曲線のどの部分をとるかによって,いくつかの種類がある.まず,初磁化曲線の OA のところで,

$$\chi_i = \left(\frac{dM}{dH}\right)_{H \to 0} \tag{2.1}$$

と定義される χ_i は初磁化率とよばれる.次に,初磁化曲線の B の近傍で,M/H

が最大となるところ，すなわち，

$$\chi_{\mathrm{m}} = \left(\frac{M}{H}\right)_{\max} \tag{2.2}$$

と定義される χ_{m} は最大磁化率とよばれる．M が飽和した C の近傍では，原理的には M は一定になるはずであるが，実際には強磁界を印加してもわずかに M が増大していく場合がしばしばある．そのときの $\mathrm{d}M/\mathrm{d}H$ を強磁界磁化率とよぶ．また，マイナーループにおいて，H の変化分 ΔH に対する M の変化分を ΔM とすると，

$$\chi_{\mathrm{rev}} = \left(\frac{\Delta M}{\Delta H}\right)_{\Delta H \to 0} \tag{2.3}$$

で定義される χ_{rev} を可逆磁化率という．

磁化率は，CGS ガウス単位系では無次元量であるが，場合によっては磁気モーメントの単位と同じ emu という文字を使用したり，単位質量あたりの磁化率という意味で emu/g と表したりする場合もあるので注意を要する．E-H 対応 MKSA 単位系では，真空の透磁率 μ_0 と同じ H/m という単位が使用される．磁化率の単位換算は，

$$\begin{aligned} & 1 \, [\text{無次元}] & & (\text{CGS ガウス}) \\ & = (4\pi)^2 \times 10^{-7} \, [\text{H/m}] & & (\text{E-H 対応 MKSA}) \\ & = 4\pi \, [\text{無次元}] & & (\text{SI}) \end{aligned} \tag{2.4}$$

となる．また，E-H 対応 MKSA 単位系の場合，磁化率を μ_0 で規格化して無次元量として用いることも多い．この規格化した磁化率を比磁化率とよぶ．すなわち，比磁化率を χ_{r} と書けば，

$$\chi_{\mathrm{r}} = \frac{\chi}{\mu_0} \tag{2.5}$$

であり，これは SI 単位系での磁化率に等しい．CGS ガウス単位系での磁化率と SI 単位系での磁化率（= E-H 対応 MKSA 単位系での比磁化率）は，同じ無次元量であっても，数値としては 4π だけずれが生じる．したがって，無次元の磁化率といっても，CGS ガウス単位系の場合と SI 単位系の場合では値が 1 桁程度異なるので，十分に注意されたい．

(b) 飽和磁化

M が飽和した C の状態での M の値を飽和磁化 (saturation magnetization) とよび，通常 M_s と書く．M_s は，強磁性体内のすべての磁気モーメントが磁界の方向に揃ったときの M の値であり，式 (1.19) ですでに定義したものと同一である．

(c) 残留磁化

M が飽和した C の状態から H を減じ，$H = 0$ にしたときの状態 D を考える．このときは，$H = 0$ でも OD に相当する磁化が残る．これを残留磁化 (residual magnetization) とよび，通常 M_r と書く．また，M_r/M_s を残留磁化比とよぶ．

(d) 保磁力

状態 D から E へと減じさせ，$M = 0$ となるときの H の絶対値，すなわち OE に相当する磁界を保磁力 (coercive force) とよび，通常 H_c で表す．

2.2 反磁界

1.4.2 節 (c) で少し述べたが，物質が磁化されて M が発生すると，強磁性体の両側に生じた磁極によって，M とは逆向きの磁界が発生する．すなわち，M の発生によって，自身の M を妨げる方向に磁界が生じるのである．この磁界のことを，反磁界 (demagnetizing field) とよび，しばしば H_d と書く．H_d の大きさは，生じた磁極に比例するはずであり，磁極は M の大きさに比例するから，H_d は M に比例するはずである．したがって，

$$\boldsymbol{H}_d = -N\boldsymbol{M} \qquad \text{(CGS ガウス \& SI)} \tag{2.6a}$$

$$\boldsymbol{H}_d = -\frac{N}{\mu_0}\boldsymbol{M} \qquad \text{(E-H 対応 MKSA)} \tag{2.6b}$$

で表される．N は反磁界係数とよばれ，物質の形のみに依存する無次元量である．いま，外部から印加した磁界を $\boldsymbol{H}_{ex}$ と書くと，物質に印加されている有効的な磁界 $\boldsymbol{H}_{eff}$ は，

2.2 反磁界 39

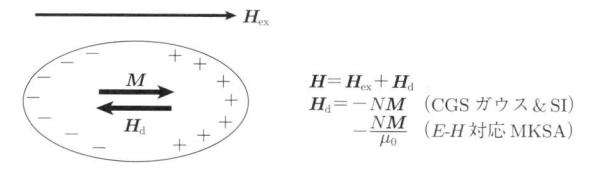

図 2.2 反磁界の発生

$H = H_{ex} + H_d$
$H_d = -NM$ （CGS ガウス & SI）
$\quad\; -\dfrac{NM}{\mu_0}$ （E-H 対応 MKSA）

$$H_{\mathrm{eff}} = H_{\mathrm{ex}} + H_{\mathrm{d}} \tag{2.7}$$

と表される（図 2.2 参照）．そこで，磁化曲線において，横軸を H_{ex} にするのではなく，$-NM$（E-H 対応 MKSA 単位系ならば $-NM/\mu_0$）だけの補正を行った磁界 H_{eff} を使用するほうが便利なことも多い[18]．この補正を反磁界補正という．図 2.3 に示すように，反磁界補正を行うと，飽和磁化 M_{s}，保磁力 H_{c} は変化しないが，残留磁化 M_{r} は変化する．したがって，磁化曲線のデータを見るときには，反磁界補正をされたものか否か，注意しなければならない．

次に，どのような形の物質でどのような反磁界が生じるか，考えてみよう．いま，適当な座標軸をとり，x, y, z 方向の 3 成分に分けると，反磁界 H_{d} は，

$$H_{\mathrm{d}i} = -N_i M_i \quad \text{（CGS ガウス & SI）} \tag{2.8a}$$

$$H_{\mathrm{d}i} = -\frac{N_i M_i}{\mu_0} \quad \text{（E-H 対応 MKSA）} \tag{2.8b}$$

ただし，$i = x, y, z$

と表される[19]．このとき，反磁界係数 N_x, N_y, N_z の間には，

---

[18] 思慮深い読者のなかには，物質内のある原子磁気モーメントに加えられる本当の有効磁界は，式 (2.7) で表される磁界 H_{eff} に加えて，その周囲の原子磁気モーメントが作る磁界があるのではないか，そしてそれは原子磁気モーメントが揃えば揃うほど，言い換えれば M が大きくなればなるほどそれに比例して大きくなるような磁界で，反磁界とは逆に M の発生によってさらに M を促進する方向にはたらくのではないか，そのような磁界の補正は必要ないのか，というような疑問を抱く人がいるかもしれない．しかし，結論からいうと，そのような補正の必要はない．確かに，物質内部における真の磁界は，式 (2.7) で表されるものだけではなく，周囲の原子磁気モーメントが作る磁界が存在しているはずである．だが，すでに述べたように，強磁性体はいくつかの磁区によって構成され，その磁区の内部では原子磁気モーメントの方向は揃っている．したがって，ある一つの磁気モーメントに着目したとき，その周囲の磁気モーメントはすべて同じ方向に揃っており，着目している磁気モーメントが方向を変えれば，周囲の磁気モーメントも同じように方向を変える．したがって，周囲の磁気モーメントが作る磁界の方向は，磁気モーメントの回転に追従して同じように変化するわけであり，そのような磁界は磁化過程には効いてこないのである．そこで，物質を磁化させようとする作用の原因は，式 (2.7) で表される磁界と考えてよい．

[19] H_{d} も M もベクトルであるから，厳密には N はテンソルである．しかし，適当な座標軸をとることによって N が対角化される形状の場合，N_x, N_y, N_z のみ考えればよい．

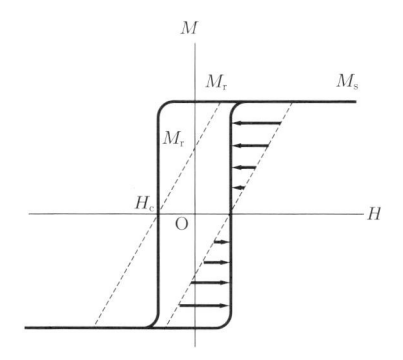

図 2.3 磁化曲線の反磁界補正

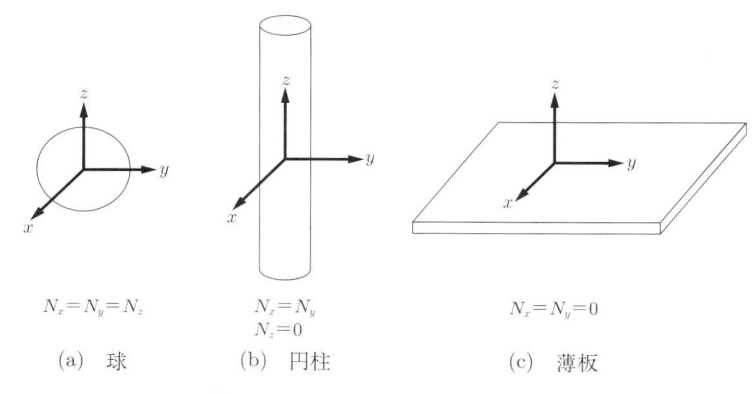

(a) 球　　$N_x = N_y = N_z$

(b) 円柱　$N_x = N_y$, $N_z = 0$

(c) 薄板　$N_x = N_y = 0$

図 2.4 形状による反磁界係数の違い

$$N_x + N_y + N_z = 4\pi \quad (\text{CGS ガウス}) \tag{2.9a}$$

$$= 1 \quad (\text{SI \& } E\text{-}H \text{ 対応 MKSA}) \tag{2.9b}$$

という関係が成り立つことが知られている[20]．

以下に，いくつかの例を示そう（図 2.4 参照）．

---

[20] 厳密ないい方をすると，反磁界係数が正確に定義できるのは，一様な強さに磁化したとき，物質全体にわたって一様な反磁界を生じる場合で，これは一般に楕円体の場合にのみ成り立ち，そのとき式 (2.9) は数学的に証明される．しかし，針状の円柱や薄板などの極端な場合にも，近似的な意味で反磁界係数を定義し，式 (2.9) を利用することができる．

(a) 球体の場合

球体の場合は，すべての方向で等方的であるから，反磁界係数は，

$$N_x = N_y = N_z = \frac{4\pi}{3} \quad (\text{CGS ガウス}) \tag{2.10a}$$

$$= \frac{1}{3} \quad (\text{SI \& } E\text{-}H \text{ 対応 MKSA}) \tag{2.10b}$$

となる．すなわち，磁界をどの方向に印加しても反磁界は等しく，その値は CGS ガウス単位系では $-4\pi M/3$, E-H 対応 MKSA 単位系では $-M/3\mu_0$, SI 単位系では $-M/3$ である．

(b) 針のように細長い円柱の場合

円柱の長手方向を z 方向とすると，円柱の両端に発生する磁極の効果はほとんど無視してよいので，

$$N_z = 0 \tag{2.11}$$

である．一方，xy 面内では等方的であるから，

$$N_x = N_y = 2\pi \quad (\text{CGS ガウス}) \tag{2.12a}$$

$$= \frac{1}{2} \quad (\text{SI \& } E\text{-}H \text{ 対応 MKSA}) \tag{2.12b}$$

となる．すなわち，円柱長手方向に磁界を印加するときは反磁界はなく，側面に垂直に印加するときは，CGS ガウス単位系で $-2\pi M$, E-H 対応 MKSA 単位系で $-M/2\mu_0$, SI 単位系で $-M/2$ の反磁界が生じる．

(c) 十分広く薄い板（あるいは薄膜）の場合

板面に垂直な方向を z 方向とすると，板面内方向の反磁界はほとんど無視してよいので，

$$N_x = N_y = 0 \tag{2.13}$$

である．したがって，

$$N_z = 4\pi \quad (\text{CGS ガウス}) \tag{2.14a}$$

$$= 1 \quad (\text{SI \& } E\text{-}H \text{ 対応 MKSA}) \tag{2.14b}$$

となる.すなわち,板面内に磁界を印加するときは反磁界はなく,板面垂直に磁界を印加するときは,CGS ガウス単位系で $-4\pi M$,E-H 対応 MKSA 単位系で $-M/\mu_0$,SI 単位系で $-M$ の反磁界が生じる.

2.3 磁化曲線とエネルギー

この節では,物質を磁化して磁化曲線を描くときに必要とするエネルギーについて考えてみよう.いま,磁界 H を $\mathrm{d}H$ だけ増大させて $H+\mathrm{d}H$ としたとき,磁化が M から $M+\mathrm{d}M$ に変化したとしよう.仮に図 2.5 に示すように,長さ l の棒状の物質を想定すると,磁化が $\mathrm{d}M$ だけ変化すれば,棒の両端に生じる磁極の面密度 σ は,式 (1.37) より,

$$\mathrm{d}\sigma = \mathrm{d}M \tag{2.15}$$

だけ変化する.すなわち,棒の磁化が $\mathrm{d}M$ だけ変化するということは,棒の両端の磁極密度が $\mathrm{d}M$ だけ変化するということであり,棒の端面の面積を S とすると,全体として $S\mathrm{d}\sigma = S\mathrm{d}M$ の磁極が,棒の一方の端からもう一方の端まで移動することと等価である.磁界が磁極に作用する力は,CGS ガウスおよび E-H 対応 MKSA 単位系では式 (1.1) から $S\mathrm{d}M \cdot H$,SI 単位系では式 (1.45) から $\mu_0 S\mathrm{d}M \cdot H$ である.したがって,磁極の移動に要する仕事は,それぞれの単位系で $(S\mathrm{d}M \cdot H) \cdot l = Sl H \mathrm{d}M$ あるいは $\mu_0(S\mathrm{d}M \cdot H) \cdot l = \mu_0 Sl H \mathrm{d}M$ と書ける.Sl は棒の体積であるから,単位体積あたりの仕事 $\mathrm{d}W$ は,

$$\mathrm{d}W = H\mathrm{d}M \quad (\text{CGS ガウス \& E-H 対応 MKSA}) \tag{2.16a}$$

$$\mathrm{d}W = \mu_0 H\mathrm{d}M \quad (\text{SI}) \tag{2.16b}$$

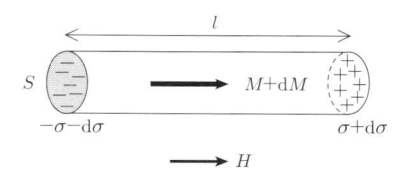

図 2.5 M を $M+\mathrm{d}M$ にするには $(S\mathrm{d}\sigma \cdot H) \cdot l$ だけの仕事を要する

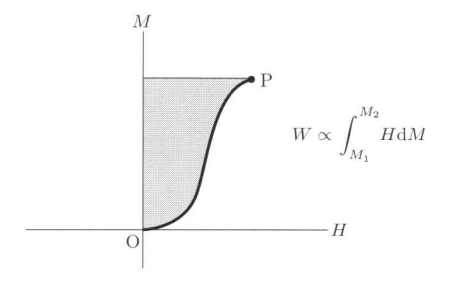

図 **2.6** 磁化に要するエネルギー

で表される．これが，磁化を dM だけ変化させるのに要するエネルギーである．ここでは棒状の物質を考えたが，式 (2.16) は物質の形によらず一般的に成り立つ．式 (2.16) より，磁化を M_1 から M_2 まで変化させる場合に要するエネルギー W は，

$$W = \int_{M_1}^{M_2} H \mathrm{d}M \quad \text{（CGS ガウス \& E-H 対応 MKSA）} \tag{2.17a}$$

$$W = \mu_0 \int_{M_1}^{M_2} H \mathrm{d}M \quad \text{（SI）} \tag{2.17b}$$

と表される．これは，たとえば図 2.6 の磁化曲線のように，O から P まで磁化した場合には，図中のグレーで示した部分の面積が磁化するために外から与えられたエネルギーに対応することを意味する．外から与えられたエネルギーは，もし可逆過程であるならばすべてポテンシャルエネルギーとして物質に蓄えられることになるが，強磁性体の磁化過程は一般的には非可逆である．したがって，ポテンシャルエネルギーとなって蓄えられるのは仕事の一部であり，残りは熱などとなって散逸する．いま，ヒステリシスループを 1 周して元に戻ることを考えると，元に戻った状態では物質のもつポテンシャルエネルギーは同じであるから，図 2.7 のグレーで示した部分の面積が，外から与えたエネルギーのうち熱などになって散逸してしまった分を示している．このヒステリシスループのために消費するエネルギーをヒステリシス損失 (hysteresis loss) とよぶ．式で書けば，ヒステリシス損失 W_h は，

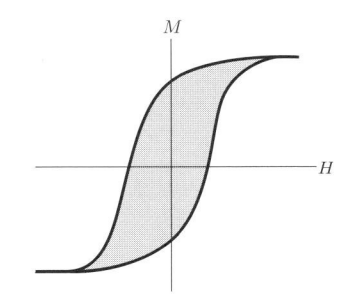

図 **2.7** ヒステリシス損失. $W_\mathrm{h} = \oint H\mathrm{d}M$

$$W_\mathrm{h} = \oint H\mathrm{d}M \qquad （\text{CGS ガウス \& } E\text{-}H \text{ 対応 MKSA}） \tag{2.18a}$$

$$W_\mathrm{h} = \mu_0 \oint H\mathrm{d}M \qquad （\text{SI}） \tag{2.18b}$$

と書ける．たとえば，トランスの磁心などには，W_h の小さい材料が使われる．これは，W_h が小さければ小さいほど発熱が少なく，効率よくエネルギーを伝達できるからである．

2.4　$B\text{-}H$ 曲線

前節までは，横軸に磁界 H をとり縦軸に磁化 M をとった $M\text{-}H$ 曲線を扱ってきた．磁気物性を研究する場合には確かに縦軸を M にしたほうが都合よいのであるが，実用上は，たとえば誘導起電力は磁束密度 B に依存するなどといった事情から，縦軸に B をとったほうが都合のよいことがある．そこで，本節では，$B\text{-}H$ 曲線について述べる．B は式 (1.20) あるいは式 (1.42) で与えられ，H に比べ M の寄与のほうがはるかに大きい場合には，$B\text{-}H$ 曲線は $M\text{-}H$ 曲線とそれほど大きな差異ないが，M が容易に飽和せず H の寄与が無視できない場合（たとえば永久磁石の磁化曲線），$B\text{-}H$ 曲線と $M\text{-}H$ 曲線はかなり異なったものになる．ここでは，2.1 節のときと同様に，$B\text{-}H$ 曲線から定義される種々の基本的物理量について以下に列挙し，説明しよう（図 2.8 参照）．

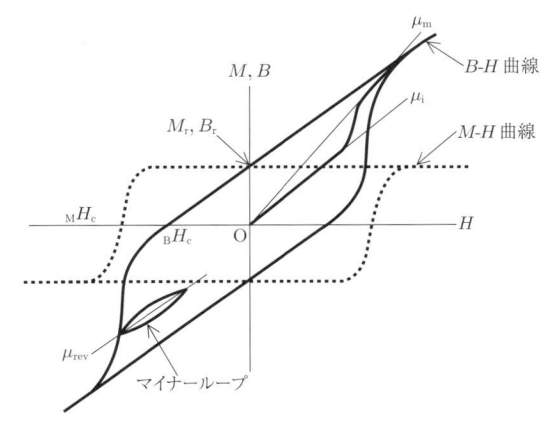

図 2.8 B-H 曲線と M-H 曲線（図は E-H 対応 MKSA 単位で表示したとき）

(a) 透磁率

透磁率 (permeability) は，M-H 曲線における磁化率 χ に対応するもので，通常 μ で表す．そして，磁化率の場合に対応して，初透磁率 μ_i，最大透磁率 μ_m，可逆透磁率 μ_rev が定義される．χ と μ との関係は，式 (1.20) あるいは式 (1.42) から，

$$\mu = 1 + 4\pi\chi \quad \text{(CGS ガウス)} \tag{2.19a}$$

$$\mu = \mu_0 + \chi \quad \text{(E-H 対応 MKSA)} \tag{2.19b}$$

$$\mu = \mu_0(1 + \chi) \quad \text{(SI)} \tag{2.19c}$$

と書ける．しかし，E-H 対応 MKSA 単位系および SI 単位系では，このままだと真空の透磁率 μ_0 が基準になっているのでわかりづらい．そこで，式 (2.19b) および式 (2.19c) は μ_0 で規格化し，

$$\mu_\mathrm{r} = \frac{\mu}{\mu_0} = 1 + \frac{\chi}{\mu_0} \quad \text{(E-H 対応 MKSA)} \tag{2.20a}$$

$$\mu_\mathrm{r} = \frac{\mu}{\mu_0} = 1 + \chi \quad \text{(SI)} \tag{2.20b}$$

で定義される μ_r をしばしば用いる．これを比透磁率という．μ_r と式 (2.5) で定義した比磁化率 χ_r との間には，式 (2.20a) より，

$$\mu_r = 1 + \chi_r \qquad (2.21)$$

の関係が得られ，E-H 対応 MKSA 単位系と SI 単位系が類似した表現となる．

(b) 飽和磁束密度

磁化 M が飽和したときの磁束密度 B_s を飽和磁束密度という．すなわち，

$$B_s = H + 4\pi M_s \qquad (\text{CGS ガウス}) \qquad (2.22a)$$
$$B_s = \mu_0 H + M_s \qquad (E\text{-}H \text{ 対応 MKSA}) \qquad (2.22b)$$
$$B_s = \mu_0(H + M_s) \qquad (\text{SI}) \qquad (2.22c)$$

である．しかし，厳密にいえば，磁化が飽和しても B は H の分だけ増大しているので，磁界の値によって B_s に曖昧さが残る．現実に印加しうる最大の磁界における磁束密度を実効最大磁束密度といい，B_m で表す．

(c) 残留磁束密度

残留磁化 M_r に対応するのが，残留磁束密度 B_r である．このときは $H=0$ であるから，

$$B_r = 4\pi M_r \qquad (\text{CGS ガウス}) \qquad (2.23a)$$
$$B_r = M_r \qquad (E\text{-}H \text{ 対応 MKSA}) \qquad (2.23b)$$
$$B_r = \mu_0 M_r \qquad (\text{SI}) \qquad (2.23c)$$

となる．したがって，E-H 対応 MKSA 単位系では B_r と M_r はまったく等しい．

(d) 保磁力

保磁力は，B-H 曲線の減磁曲線において $B=0$ となる磁界である．したがって，保磁力 H_c は，

$$B = H_c + 4\pi M = 0 \qquad (\text{CGS ガウス}) \qquad (2.24a)$$
$$B = \mu_0 H_c + M = 0 \qquad (E\text{-}H \text{ 対応 MKSA}) \qquad (2.24b)$$
$$B = \mu_0(H_c + M) = 0 \qquad (\text{SI}) \qquad (2.24c)$$

で定義され，したがって，

$$H_{\mathrm{c}} = -4\pi M \quad (\text{CGS ガウス}) \tag{2.25a}$$

$$H_{\mathrm{c}} = -\frac{M}{\mu_0} \quad (\text{E-H 対応 MKSA}) \tag{2.25b}$$

$$H_{\mathrm{c}} = -M \quad (\text{SI}) \tag{2.25c}$$

となる．すなわち，保磁力のところでは，磁界成分と磁化成分とが逆向きになってお互いに打ち消し合っているといってもよい．ここで，B-H 曲線で定義された保磁力と M-H 曲線で定義された保磁力とでは，値が異なるので注意を要する．そこで，それぞれを $_{\mathrm{B}}H_{\mathrm{c}}$，$_{\mathrm{M}}H_{\mathrm{c}}$ と書いて区別することもある．$_{\mathrm{M}}H_{\mathrm{c}}$ は $M = 0$ になるところであるから，$_{\mathrm{B}}H_{\mathrm{c}}$ に比べるとつねに大きい．たとえ，$_{\mathrm{M}}H_{\mathrm{c}}$ がどんなに大きくても，$_{\mathrm{B}}H_{\mathrm{c}}$ は式 (2.25) から $4\pi M_{\mathrm{r}}$（CGS ガウス），M_{r}/μ_0（E-H 対応 MKSA）あるいは M_{r}（SI）の値を超えることはないことがわかる．

2.5 ヒステリシスループと磁性材料

強磁性体の材料としての応用を考えると，その用途に応じて，軟磁性材料（ソフト磁性材料）と硬磁性材料（ハード磁性材料）の二つに大別される．そして，それぞれの磁性材料は，ヒステリシスループから求められる基本的な物理量によって特徴づけられる．

2.5.1 軟磁性材料

軟磁性材料 (soft magnetic materials) とは，図 2.9a の磁化曲線に示されるように透磁率 μ が高く，保磁力 H_{c} が小さく，ヒステリシス損失 W_{h} の小さいものの総称で，別名高透磁率材料ともよばれる．コイルやトランスの磁心，磁気ヘッドなどに応用される．したがって，μ は単に直流測定による値が大きいだけでなく，交流測定をしても大きい値が維持できることが必要とされる．どの程度の周波数領域まで大きい μ を維持することが要求されるかは用途による[21]．

---

[21] 正確にいうと，交流磁場のもとでは，μ は μ'（位相が合った成分）と μ''（位相が $\pi/2$ ずれた成分）に分解される．μ' は大きく，μ'' は小さいほど，軟磁性材料としての性能はよい．

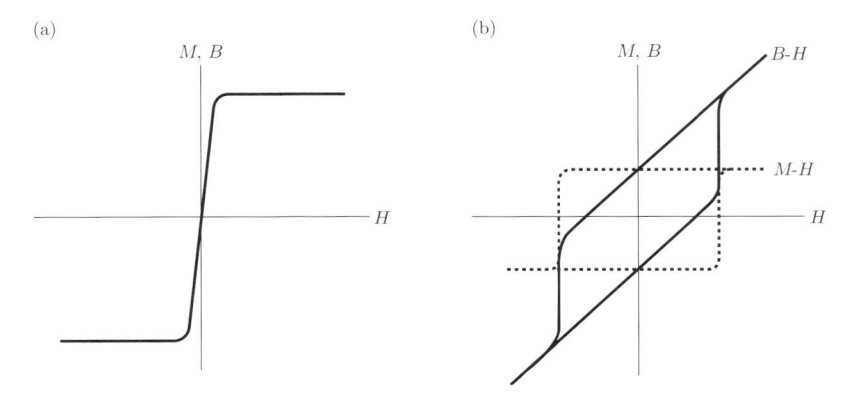

図 2.9 (a) 軟磁性体および (b) 硬磁性体の $M(B)$-H 曲線

また，飽和磁束密度 B_s が大きいこと，渦電流損失を防ぐために電気抵抗率が大きいこと，熱安定性が高いことなどが要求されることが多い．

物質としては，Ni-Fe 系合金（パーマロイ），Fe-Si 系合金（珪素鋼板），Fe-Si-Al 系合金（センダスト），Mn-Zn フェライトに代表されるソフトフェライト，さらに Fe-メタロイド系に代表される種々のアモルファス合金が有名で，最近ではナノ結晶合金なども注目されている．

2.5.2 硬磁性材料

硬磁性材料 (hard magnetic materials) は，図 2.9b の磁化曲線に示されるように残留磁束密度 B_r や保磁力 H_c が大きく，ヒステリシスの角形性のよいものをいい，いわゆる永久磁石材料である．硬磁性材料の性能を評価するときには，B_r や H_c の値よりも，むしろ最大エネルギー積 $(BH)_\mathrm{max}$ とよばれる量で評価する場合が多い．$(BH)_\mathrm{max}$ とは，図 2.10 に示すように，減磁曲線において B と H の積が最大となるときの $B \cdot H$ の値をいう[†22]．

物質としては，合金系材料としてアルニコ (Alnico) や Cu-Ni-Fe 合金，Fe-Cr-Co 合金などがあり，化合物系材料としては，Ba フェライトに代表されるフェ

[†22] $(BH)_\mathrm{max}$ は，その磁石から最も有効に磁界を取り出すことができる作動点を示している．そのことは，永久磁石を組み込んだ磁気回路を解析することから理解される（たとえば，参考文献 1 あるいは 5 を見よ）．

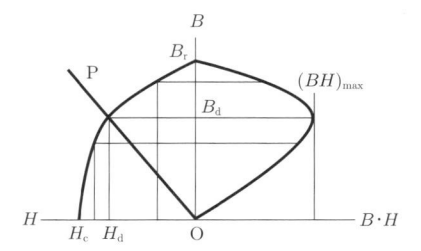

図 2.10 $(BH)_{\max}$ は永久磁石の性能を示す指標である

ライト系磁石や $SmCo_5$（サマコバ磁石）に代表される希土類-Co 系磁石，それから現在最も性能の高い Nd-Fe-B 系の磁石（ネオジム磁石）などがある．

　以上では，磁性材料を硬・軟二つに分けたが，たとえば磁気記録媒体に使われるような材料は，記録密度や安定性という観点からはなるべく硬いほうがよいが，あまり硬すぎて容易に書き込みができないようでは困るわけで，「適度に硬い」ことが必要である．

2.6　磁化曲線で用いる単位について

　本章の最後に，磁化曲線（M-H 曲線）で用いる単位について，補足的な説明をしておこう．CGS ガウス，E-H 対応 MKSA，SI のそれぞれの単位系について，項目別に述べる．

(a)　CGS ガウス単位系

　図 2.11 に示すように，縦軸 M は emu/cm^3 で表し，横軸 H は Oe（エルステッド）で表す．CGS ガウス単位系では H も B も単位としては等価なので，横軸 H を G（ガウス）で表している場合もあるが，あまり好ましくはない．また，1.1.2 節でも述べたように，emu という単位の定義は曖昧で，場合によっては emu を磁極の単位とし，emu・cm を磁気モーメントの単位として，磁化 M の単位を emu/cm^2 で表している場合も稀にあるので，注意を要する．

　縦軸 M については，4π を乗じて $4\pi M$ にし，磁束密度 B と等価にして，単位は G で示されている場合もある．また，古い文献などでは，M のままで単

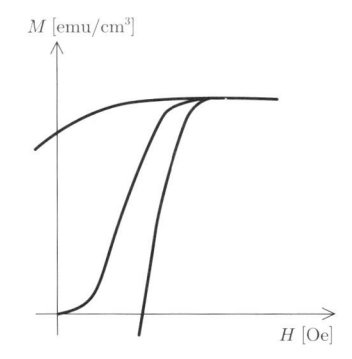

図 **2.11** CGS ガウス単位を使った場合の磁化曲線の表記

位は emu/cm^3 と書くべきところを G と書いている場合もあるので注意を要する．（現在ではそのような使い方はまずしないが．）

(b) *E-H* 対応 **MKSA** 単位系

図 2.12a に示すように，縦軸 M は Wb/m^2 で表し，横軸 H は A/m で表す．CGS ガウス単位系に慣れた世代には Wb/m^2 という単位はわかりにくく感じられるが，磁束密度 B の単位 T（テスラ）と同じだと思えば馴染みやすい．10000 倍すれば G（ガウス）になり，さらに 4π で割れば emu/cm^3 に換算される．

磁界 H を A/m で表すのも，CGS ガウス単位系に慣れている人びとにとって

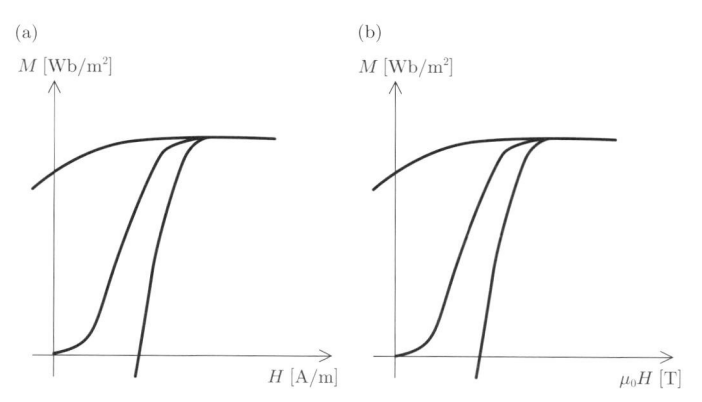

図 **2.12** *E-H* 対応 MKSA 単位を使った場合の磁化曲線の表記

はわかりにくい．Oe との換算係数が約 80 であることを覚えておけばよいのだが，100 とか 10 とかいうようなわかりやすい数でないのが頭痛の種であり，しかも厳密には $10^3/4\pi = 79.57747\cdots$ であるので，なお覚えにくい．使いやすくするための一つの方法は，図 2.12b に示すように，横軸に μ_0 を乗じて $\mu_0 H$ とし，磁束密度 B と同じ単位にして T で表すことである．そうすれば，10000 倍して G になり，それはそのまま換算なしに Oe（エルステッド）になるのでわかりやすい．このときに，横軸が B と書かれている場合がしばしばあるが，これはあまり好ましくない．なぜなら磁気，特に磁性材料を扱っている人にとって，磁束密度 B は磁界 H と磁化 M の合算したものというイメージがある．M-H 曲線では，あくまで横軸は磁界 H であり，それによって縦軸の M が出現するのである．横軸を B にされると，その関係がわからなくなる．$\mu_0 H$ と表現すれば，横軸は磁界であるが，ただ単位を磁束密度と同じ T にするために μ_0 を乗じていることが理解できる．

(c) SI 単位系

図 2.13a に示すように，縦軸 M も横軸 H も A/m で表す．前に述べたように，CGS ガウス単位系に慣れ親しんでいる人びとにとって A/m はわかりにくい．ましてや磁化 M を A/m で表すのには抵抗のある人が多いと思う．しかし，式 (1.43) に示したように，emu/cm^3 と A/m の換算係数は 1000 であり，じ

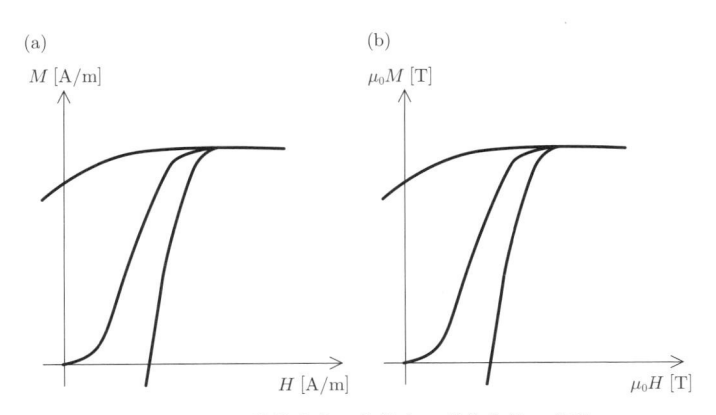

図 2.13　SI 単位を使った場合の磁化曲線の表記

つは意外に覚えやすいのである．しかも，M も H も単位としては等価であるので，磁化率も基準が 1 の無次元量となり，とても扱いやすい．（CGS ガウス単位系でも磁化率は無次元量だが，基準は 4π である．）しかし，それでも A/m はわかりにくいという人たちにとって，使いやすくするための鍵はやはり μ_0 である．図 2.13b に示すように，縦軸にも横軸にも μ_0 を乗じて，$\mu_0 M$ vs. $\mu_0 H$ という形で表せば，ともに単位は T（テスラ）となり，馴染みやすくなる．

コラム 5：日本人の発明によるものが多い磁性材料

　歴史的に，磁気の分野は日本人の貢献が非常に大きい．特に，多くの優れた磁性材料が日本人によって発明されている．

　本多光太郎（ほんだこうたろう，1870～1954 年）は，日本の磁気学の祖というべき人物である（写真）．東京帝国大学を卒業後ドイツに留学，帰国して東北帝国大学教授となり，総長も務めた．東北帝国大学教授であった 1916 年に，当時世界で最高性能の磁石である KS 鋼（Fe に Co, Cr, W, C を含む合金）を発明し，一躍脚光を浴びた．本多光太郎は優れた門下生を多数輩出したが，その 1 人である増本量（ますもとはかる，1895～1987 年）は，1933 年に KS 鋼よりもさらに高性能な新 KS 鋼を発明し，1936 年には優れた軟磁性合金であるセンダストを発明した．センダストは，発明の地・仙台にちなんで増本が命名したものである．

　新 KS 鋼の発明に先立つ 1931 年には，東京帝国大学で三島徳七（みしま

写真　本多光太郎（写真提供：財団法人本多記念会）

とくしち，1893〜1975 年）が KS 鋼の性能を上回る MK 鋼（Fe に Ni, Al, Co, Cu を含む合金）を発明していた．東京帝国大学における MK 鋼の発明が東北帝国大学の本多グループを刺激し，増本の新 KS 鋼の発明につながったと伝えられる．MK 鋼，新 KS 鋼はのちのアルニコ磁石の原型である．また，本多光太郎の門下生である茅誠司（かやせいじ，1898〜1988 年）は，1926 年に Fe などの強磁性単結晶の磁化測定を行い，世界で初めて結晶磁気異方性の実証に成功した（第 3 章参照）．

フェライトは 1930 年に東京高等工業学校（のちの東京工業大学）の加藤与五郎（かとうよごろう，1872〜1967 年）と武井武（たけいたけし，1899〜1992 年）によって初めて発明されたものである．

最近の事例では，現在最高性能を誇る Nd-Fe-B 系磁石は，佐川眞人（さがわまさと，1943 年〜）が住友特殊金属に勤務していた 1983 年に発明したものである．また，アモルファス合金の軟磁性は，東北大学の増本健（ますもとつよし，1932 年〜），藤森啓安（ふじもりひろやす，1936 年〜）によって 1974 年に初めて報告された．

このように，磁気，特に磁性材料の研究に対する日本人の貢献をあげたら，枚挙にいとまがない．磁気は，日本にとって，歴史と伝統のある分野になっているのである．

第 2 章　演習問題

演習問題 2.1

式 (2.16) に示されているように，CGS ガウス単位系および E-H 対応 MKSA 単位系では磁界と磁化の積が，SI 単位系ではこれに μ_0 を乗じたものが，単位体積あたりのエネルギーと同じ単位になることを導け．

演習問題 2.2

磁化率 χ と透磁率 μ の関係すなわち式 (2.19) を導出せよ．

演習問題 2.3

図 1，図 2 および図 3 に示されている軟磁性材料（Ni-Fe 薄膜），磁気記録媒体材料（CoCrTa 薄膜）および硬磁性材料（NdFeB）のヒステリシスループより，各試料の飽和磁化，保磁力を CGS ガウス，E-H 対応 MKSA および SI 単位系で求めよ．なお，それぞれの試料形状は，Ni-Fe 薄膜：直径 = 8 mm，膜厚 = 500 Å (50 nm)，CoCrTa 薄膜：直径 = 7.9 mm，膜厚 = 300 Å (30 nm)，NdFeB 円柱試料：直径 = 3.99 mm，長さ = 3.99 mm である．

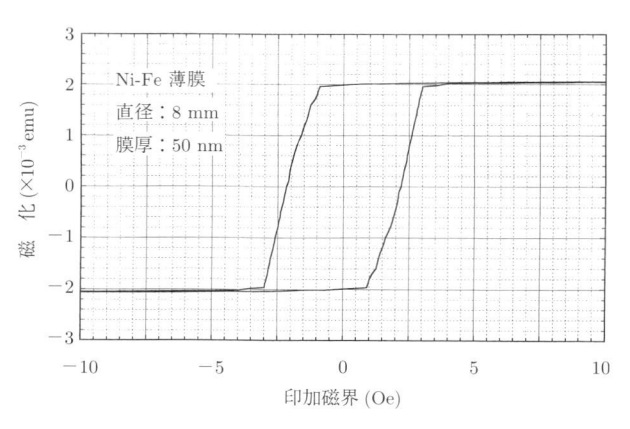

図 1　Ni-Fe 薄膜のヒステリシスループ

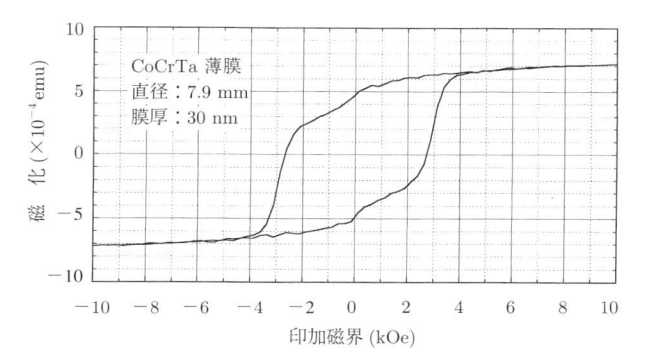

図 2　CoCrTa 薄膜のヒステリシスループ

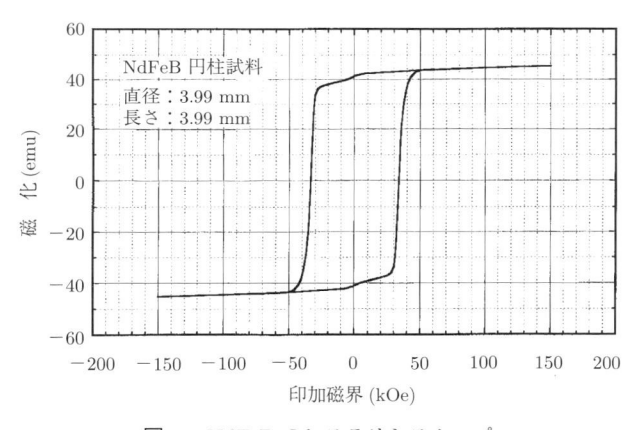

図 3　NdFeB のヒステリシスループ

第3章

磁気異方性と磁歪

本章では，強磁性体の基本的性質であり，磁化曲線と密接な関係にある磁気異方性と磁歪について，その現象論を学ぼう．また，磁区についても基本的な事柄を理解しよう．

3.1 磁気異方性

物質を磁化するときに，どの方向から磁界を印加するかによって磁化の現れ方が異なる．このような性質を磁気異方性 (magnetic anisotropy) という．磁気異方性は，なぜ生じるか？ それは，磁化の方向に依存して，物質内部のエネルギーが異なるからである．このようなエネルギーを異方性エネルギー (anisotropy energy) とよぶ．磁気異方性は，異方性エネルギーの起源に従って，いくつかの種類に分類される．以下に，重要なものを種類別に述べる．

3.1.1 結晶磁気異方性

物質は原子の集合体であるが，固体の場合，原子はばらばらに集まっているのではなく，規則正しく配列し結晶を作っている．結晶磁気異方性 (magnetocrystalline anisotropy) とは，結晶の特定の方向に磁化が向きやすい性質をいう．

結晶の構造にはいろいろな種類があるが，いま，代表的なものを三つ取り上げよう．第一は，図 3.1a に示した体心立方格子 (bcc：body centered cubic) であり，Fe がこの構造をもつ代表的な強磁性体である．第二は，図 3.1b に示した面心立方格子 (fcc：face centered cubic) であり，Ni が代表的である．第三は，図 3.1c に示した六方最密格子 (hcp：hexagonal close packed) であり，Co が代表的である．図 3.2a, b, c に，それぞれ Fe, Ni, Co の単結晶を用いてさまざま

(a) bcc

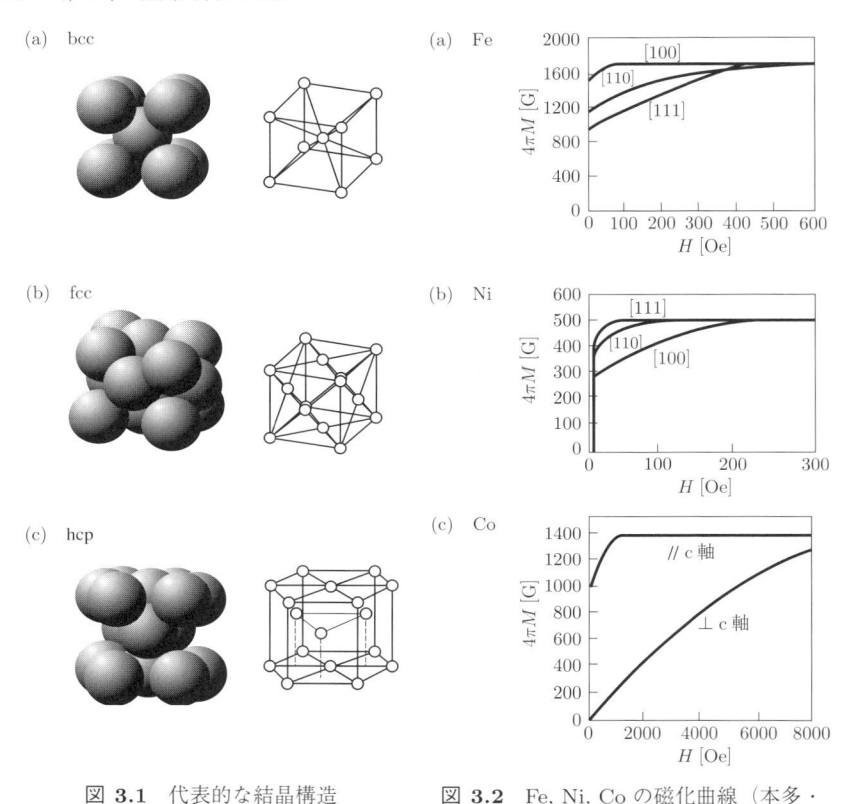

(b) fcc

(c) hcp

(a) Fe

(b) Ni

(c) Co

図 3.1 代表的な結晶構造

図 3.2 Fe, Ni, Co の磁化曲線（本多・茅による）．コラム 5 参照

な結晶軸方向に磁界を印加した場合の磁化曲線を示す[†23]．図を見ると，Fe は [100] 方向には磁化されやすいが，[111] 方向には磁化されにくい．逆に，Ni は [100] 方向に磁化されにくく，[111] 方向に磁化されやすい．Co は，c 軸方向には磁化されやすいが，c 軸と垂直な方向（すなわち c 面内）に磁化するのはたいへん困難であることがわかる．磁化されやすい結晶軸を容易軸 (easy axis) といい，磁化されにくい結晶軸を困難軸 (hard axis) という．

[†23] 当然のことながら，結晶磁気異方性の観測には，結晶軸の揃った単結晶が必要である．多結晶の場合には，結晶磁気異方性は平均化されてしまい，磁界の印加方向による磁化曲線の差がなくなってしまう．

3.1 磁気異方性

磁化が容易軸方向を向くときには，結晶磁気異方性のエネルギーは低く，逆に磁化が困難軸方向を向くときには，そのエネルギーは高くなる．磁化に要するエネルギーが式 (2.17) で表せることを思い出すと，磁界を容易軸に印加したときと困難軸に印加したときの二つの磁化曲線で囲まれた面積が，異方性のエネルギーに相当するはずである．

ここで，結晶磁気異方性のエネルギーを数式化してみよう．まず，簡単のために Co のような六方晶の場合を考える．六方晶の場合，ただ一つの軸，すなわち c 軸に対して磁化がどのような角度をもつか，ということのみに異方性エネルギーは依存している[†24]．このような異方性を，一軸異方性 (uniaxial anisotropy) という．そこで，c 軸と磁化とのなす角度を θ とすると，異方性エネルギー E_a は θ を π だけ変化させても等価であり，したがって $\sin^2\theta$ の級数として書けるはずである．すなわち，

$$E_a = K_{u1} \cdot \sin^2\theta + K_{u2} \cdot \sin^4\theta + \cdots \tag{3.1}$$

と表される．ここで，$K_{u1}, K_{u2}, \ldots$ を異方性定数 (anisotropy constant) とよぶ．異方性定数は，トルク法（4.3 節参照）によって測定することができて，Co の場合室温で，

$$K_{u1} = 4.53 \times 10^6 \; [\text{erg/cm}^3] = 4.53 \times 10^5 \; [\text{J/m}^3] \tag{3.2a}$$

$$K_{u2} = 1.44 \times 10^6 \; [\text{erg/cm}^3] = 1.44 \times 10^5 \; [\text{J/m}^3] \tag{3.2b}$$

という値をもつことがわかっている．ただし，K_{u3} 以降の項は小さいとして，無視している．

磁化が c 軸を向く場合 ($\theta=0$) のエネルギー $E_{a/\!/}$ は，式 (3.1) より，

$$E_{a/\!/} = 0 \tag{3.3}$$

である．一方，磁化が c 軸と垂直になる場合 ($\theta=\pi/2$) のエネルギー $E_{a\perp}$ は，

$$E_{a\perp} = K_{u1} + K_{u2} + \cdots \tag{3.4}$$

[†24] 厳密には，c 面内の三つの軸に対する角度も関係するが，簡単のためにここでは無視することにする．

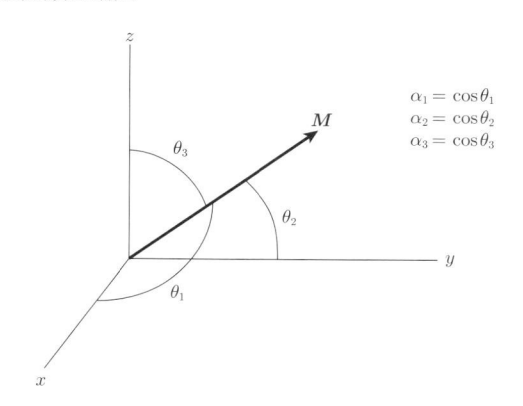

図 3.3 磁化 M の方向と方向余弦

である．Co の場合，$E_{a\perp} > E_{a/\!/}$ であり，c 軸が容易軸となる．また，図 3.2c において，c 軸方向の磁化曲線とc 軸に垂直方向の磁化曲線で囲まれた面積が，$E_{a\perp} - E_{a/\!/} = K_{u1} + K_{u2} + \cdots$ のエネルギーに相当する．

次に，Fe や Ni などの立方晶の場合を考えよう．立方晶の場合，[100], [010], [001] の三つの等価な軸がある．したがって，それぞれの軸方向に対する異方性エネルギーは等しいはずである．そこで，図 3.3 に示すように磁化とそれぞれの軸がなす角度の余弦（方向余弦）を $\alpha_1, \alpha_2, \alpha_3$ とすると，異方性エネルギー E_a は α_i (i = 1, 2, 3) の偶数べきでなければならず，また α_i 相互の交換に対して不変でなければならない．この対称性を満足する最低次の項は $\alpha_1{}^2 + \alpha_2{}^2 + \alpha_3{}^2$ であるが，これは恒等的に 1 であり，異方性に寄与しない．次の項は 4 次の項で $\alpha_1{}^2\alpha_2{}^2 + \alpha_2{}^2\alpha_3{}^2 + \alpha_3{}^2\alpha_1{}^2$ で表され，さらに次の項は 6 次で $\alpha_1{}^2\alpha_2{}^2\alpha_3{}^2$ である．したがって，E_a は，

$$E_a = K_1 \cdot (\alpha_1{}^2\alpha_2{}^2 + \alpha_2{}^2\alpha_3{}^2 + \alpha_3{}^2\alpha_1{}^2) + K_2 \cdot \alpha_1{}^2\alpha_2{}^2\alpha_3{}^2 + \cdots \tag{3.5}$$

となる．異方性定数 K_1 および K_2 は，Fe の場合室温で，

$$K_1 = 4.72 \times 10^5 \text{ [erg/cm}^3\text{]} = 4.72 \times 10^4 \text{ [J/m}^3\text{]} \tag{3.6a}$$

$$K_2 = -0.075 \times 10^5 \text{ [erg/cm}^3\text{]} = -0.075 \times 10^4 \text{ [J/m}^3\text{]} \tag{3.6b}$$

という値をもち，Ni の場合，

$$K_1 = -5.7 \times 10^4 \text{ [erg/cm}^3\text{]} = -5.7 \times 10^3 \text{ [J/m}^3\text{]} \tag{3.7a}$$

$$K_2 = -2.3 \times 10^4 \text{ [erg/cm}^3\text{]} = -2.3 \times 10^3 \text{ [J/m}^3\text{]} \tag{3.7b}$$

という値をもつことがわかっている．

[100] 方向では，$\alpha_1 = 1$, $\alpha_2 = \alpha_3 = 0$ であるから E_a は，

$$E_{a[100]} = 0 \tag{3.8}$$

である．一方，[110] 方向では，$\alpha_1 = \alpha_2 = 1/\sqrt{2}$, $\alpha_3 = 0$ であるから，

$$E_{a[110]} = \frac{K_1}{4} \tag{3.9}$$

となる．また，[111] 方向では，$\alpha_1 = \alpha_2 = \alpha_3 = 1/\sqrt{3}$ であるから，

$$E_{a[111]} = \frac{K_1}{3} + \frac{K_2}{27} \tag{3.10}$$

である．したがって，Fe では $E_{a[100]} < E_{a[110]} < E_{a[111]}$ となって [100] が容易軸であり，一方 Ni では $E_{a[100]} > E_{a[110]} > E_{a[111]}$ となって [111] が容易軸であることがわかる．また，図 3.2a, b において，[100] 方向の磁化曲線と [110] 方向の磁化曲線で囲まれる面積は $|E_{a[110]} - E_{a[100]}| = |K_1/4|$，[100] 方向と [111] 方向の磁化曲線で囲まれる面積は $|E_{a[111]} - E_{a[100]}| = |K_1/3 + K_2/27|$，また [110] 方向と [111] 方向の磁化曲線で囲まれる面積は $|E_{a[111]} - E_{a[110]}| = |K_1/12 + K_2/27|$ に相当する（| | は絶対値の意）．

では，なぜ結晶軸に対する磁化の向きに依存して，エネルギーが高くなったり低くなったりするのであろうか？ 言い換えれば，結晶磁気異方性定数の物理的起源は何であろうか？ その理由は，結晶内部の原子磁気モーメントの向きと電子の状態が密接に関係しており，結晶軸に対して原子磁気モーメントの向きが変わると，電子系のもつエネルギーが変わるからである．したがって，結晶内部の電子状態を正確に把握しないと，結晶磁気異方性定数の物理的起源はわからない．本書では，この問題に深くは立ち入らないが，興味のある人は参考文献 2 や 4，あるいは 10 などを参照されたい．

3.1.2 形状磁気異方性

形状磁気異方性 (shape magnetic anisotropy) とは，その名のとおり，物質の形状に依存した磁気異方性である．物質を磁化する際に，物質の形状に依存して反磁界が生じるという話は 2.2 節で述べた．いま，大きな反磁界が生じるような方向に外部磁界を印加すれば容易に磁化されず，逆に反磁界があまり生じない方向に磁界を印加すれば容易に磁化される．これを，形状磁気異方性という．したがって，磁化曲線に反磁界補正を施せば形状磁気異方性は現れてこない．形状磁気異方性が問題になるのは，あくまで印加した外部磁界に対する磁化の応答を問題にするときである．

ここで形状磁気異方性のエネルギーを考えてみよう．磁化に要するエネルギーは式 (2.17) で与えられ，また物質に印加される有効な磁界 $\boldsymbol{H}_{\text{eff}}$ は式 (2.7) に示したように，外部磁界 $\boldsymbol{H}_{\text{ex}}$ と反磁界 $\boldsymbol{H}_{\text{d}}$ に分解される．したがって，外部磁界によって与えられるエネルギー W_{ex} は，

$$W_{\text{ex}} = \int H_{\text{ex}}\,dM = \int H_{\text{eff}}\,dM - \int H_{\text{d}}\,dM$$
（CGS ガウス ＆ E-H 対応 MKSA） (3.11a)

$$W_{\text{ex}} = \mu_0 \int H_{\text{ex}}\,dM = \mu_0 \int H_{\text{eff}}\,dM - \mu_0 \int H_{\text{d}}\,dM \quad \text{(SI)} \quad (3.11b)$$

となる．この式の第 2 項が反磁界の存在によって余分に付け加わる異方性エネルギー E_{a} になるわけで，したがって E_{a} は，式 (2.8) を使って，

$$E_{\text{a}} = N \int M\,dM = \frac{NM^2}{2} \quad \text{（CGS ガウス）} \quad (3.12a)$$

$$E_{\text{a}} = \frac{N}{\mu_0} \int M\,dM = \frac{NM^2}{2\mu_0} \quad \text{（E-H 対応 MKSA）} \quad (3.12b)$$

$$E_{\text{a}} = \mu_0 N \int M\,dM = \frac{\mu_0 NM^2}{2} \quad \text{(SI)} \quad (3.12c)$$

と表される．仮に物質の形が z 軸に対して軸対称な回転楕円体であるとし，z 軸方向の反磁界係数を N_z，磁化が z 軸となす角を θ とすると，E_{a} は，

3.1 磁気異方性

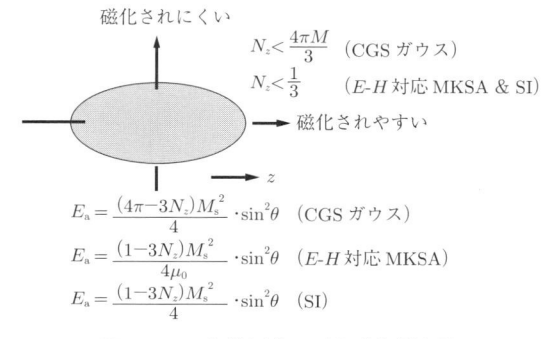

図 3.4 回転楕円体の形状磁気異方性

図中の記載:
- 磁化されにくい
- $N_z < \dfrac{4\pi M}{3}$ (CGS ガウス)
- $N_z < \dfrac{1}{3}$ (E-H 対応 MKSA & SI)
- 磁化されやすい
- z
- $E_\mathrm{a} = \dfrac{(4\pi - 3N_z)M_\mathrm{s}^2}{4} \cdot \sin^2\theta$ (CGS ガウス)
- $E_\mathrm{a} = \dfrac{(1 - 3N_z)M_\mathrm{s}^2}{4\mu_0} \cdot \sin^2\theta$ (E-H 対応 MKSA)
- $E_\mathrm{a} = \dfrac{(1 - 3N_z)M_\mathrm{s}^2}{4} \cdot \sin^2\theta$ (SI)

$$E_\mathrm{a} = \frac{(4\pi - 3N_z)M_\mathrm{s}^2}{4} \cdot \sin^2\theta \qquad (\text{CGS ガウス}) \tag{3.13a}$$

$$E_\mathrm{a} = \frac{(1 - 3N_z)M_\mathrm{s}^2}{4\mu_0} \cdot \sin^2\theta \qquad (\text{E-H 対応 MKSA}) \tag{3.13b}$$

$$E_\mathrm{a} = \frac{(1 - 3N_z)\,\mu_0 M_\mathrm{s}^2}{4} \cdot \sin^2\theta \qquad (\text{SI}) \tag{3.13c}$$

と書き換えられる．ただし，M_s は自発磁化の値（＝飽和磁化の値）である．したがって，形状磁気異方性は，

$$K_\mathrm{u} = \frac{(4\pi - 3N_z)M_\mathrm{s}^2}{4} \qquad (\text{CGS ガウス}) \tag{3.14a}$$

$$K_\mathrm{u} = \frac{(1 - 3N_z)M_\mathrm{s}^2}{4\mu_0} \qquad (\text{E-H 対応 MKSA}) \tag{3.14b}$$

$$K_\mathrm{u} = \frac{(1 - 3N_z)\,\mu_0 M_\mathrm{s}^2}{4} \qquad (\text{SI}) \tag{3.14c}$$

で表される異方性定数 K_u をもった一軸異方性であると言い換えられる．たとえば球体の場合，$N_z = 4\pi/3$（CGS ガウス）あるいは $N_z = 1/3$（E-H 対応 MKSA & SI）であるので，$K_\mathrm{u} = 0$ となり異方性は生じない．また，図 3.4 に示すように $N_z < 4\pi/3$ または $1/3$（z 軸方向に長い回転楕円体）の場合は $K_\mathrm{u} > 0$ となって z 軸方向が容易になり，逆に $N_z > 4\pi/3$ または $1/3$（z 軸方向に短い楕円体）の場合は $K_\mathrm{u} < 0$ となって z 軸方向が困難になる．

ここで，図 3.5 に示したような強磁性薄膜の場合を例にとり，磁化曲線と形

$N_x = N_y = 0$
$N_z = 4\pi$ (CGS ガウス)
  $= 1$ （E-H 対応MKSA & SI）

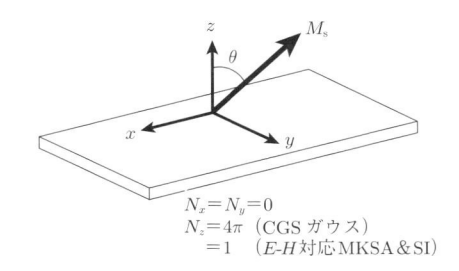

図 3.5 薄膜を磁化する場合

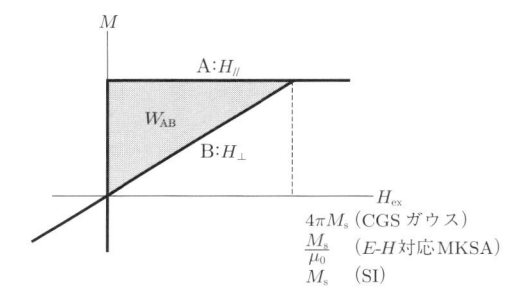

図 3.6 薄膜の磁化曲線（形状磁気異方性のみの場合）

状磁気異方性の関係について考察してみよう．薄膜の膜面に垂直方向を z 軸とすると，2.2 節で述べたように，$N_x = N_y = 0$ で $N_z = 4\pi$（CGS ガウス）あるいは 1（E-H 対応 MKSA & SI）となる．いま，仮に形状磁気異方性以外の異方性はまったくないものと仮定しよう．その場合は，もし膜面内に磁界を印加したとき，図 3.6 の A のように，自発磁化はただちに外部磁界の方向を向き，磁化は飽和する．一方，膜面垂直に磁界を印加したときは，強い反磁界の影響で自発磁化はなかなか外部磁界の方向に向くことができず，したがって磁化は容易に飽和しない．このときの，外部磁界 H_{ex} に対する磁化 M の応答の様子を調べるために，薄膜のもつ磁気エネルギー E を考えると，

$$E = -2\pi M_{\text{s}}^2 \sin^2\theta - M_{\text{s}} H_{\text{ex}} \cos\theta \qquad \text{（CGS ガウス）} \tag{3.15a}$$

$$E = -\frac{M_{\text{s}}^2}{2\mu_0} \sin^2\theta - M_{\text{s}} H_{\text{ex}} \cos\theta \qquad \text{（E-H 対応 MKSA）} \tag{3.15b}$$

$$E = -\frac{\mu_0 M_{\text{s}}^2}{2} \sin^2\theta - \mu_0 M_{\text{s}} H_{\text{ex}} \cos\theta \qquad \text{（SI）} \tag{3.15c}$$

と表される．ここで，θ は磁化と z 軸方向（すなわち H_{ex} の方向）とがなす角度である．上式の第 1 項は式 (3.13) で示した形状磁気異方性のエネルギーであり，第 2 項は外部磁界の中に置かれた磁気モーメントのポテンシャルエネルギーで式 (1.16) あるいは式 (1.47) で与えられたものである．ある H_{ex} のもとで磁化がどの向きを向くかは，式 (3.15) で表される E が最小となる θ を求めればよい．すなわち，$\partial E/\partial \theta = 0$ となる条件を求めると，式 (3.15) より，

$$4\pi M_{\text{s}} \cos\theta - H_{\text{ex}} = 0 \quad (\text{CGS ガウス}) \tag{3.16a}$$

$$\frac{M_{\text{s}}}{\mu_0} \cos\theta - H_{\text{ex}} = 0 \quad (\text{E-H 対応 MKSA}) \tag{3.16b}$$

$$M_{\text{s}} \cos\theta - H_{\text{ex}} = 0 \quad (\text{SI}) \tag{3.16c}$$

となる．ここで，z 軸方向に測定した磁化 M は $M_{\text{s}} \cos\theta$ で与えられるから（脚注 16 参照），

$$M = M_{\text{s}} \cos\theta = \frac{H_{\text{ex}}}{4\pi} \quad (\text{CGS ガウス}) \tag{3.17a}$$

$$= \mu_0 H_{\text{ex}} \quad (\text{E-H 対応 MKSA}) \tag{3.17b}$$

$$= H_{\text{ex}} \quad (\text{SI}) \tag{3.17c}$$

と書ける．したがって，CGS ガウス単位系では $1/4\pi$，E-H 対応 MKSA 単位系では μ_0，SI 単位系では 1 の傾きで M は H_{ex} に対して直線的に増大する．そして，$M = M_{\text{s}}$ になると磁化は飽和するので，磁化が飽和するのに要する外部磁界 H_{sat} は，

$$H_{\text{sat}} = 4\pi M_{\text{s}} \quad (\text{CGS ガウス}) \tag{3.18a}$$

$$H_{\text{sat}} = \frac{M_{\text{s}}}{\mu_0} \quad (\text{E-H 対応 MKSA}) \tag{3.18b}$$

$$H_{\text{sat}} = M_{\text{s}} \quad (\text{SI}) \tag{3.18c}$$

で表される（図 3.6 の B を見よ）．ところで，図 3.6 で，膜面内に H_{ex} を印加した場合の磁化曲線 A と，膜面垂直に H_{ex} を印加した場合の磁化曲線 B とで囲まれるグレーで示した部分の面積 W_{AB} を求めると，

$$W_{\text{AB}} = 2\pi M_{\text{s}}^2 \quad (\text{CGS ガウス}) \tag{3.19a}$$

$$W_{\text{AB}} = \frac{M_{\text{s}}^2}{2\mu_0} \quad (E\text{-}H \text{ 対応 MKSA}) \tag{3.19b}$$

$$W_{\text{AB}} = \frac{M_{\text{s}}^2}{2} \quad (\text{SI}) \tag{3.19c}$$

となり，これはまさに形状磁気異方性エネルギーの異方性定数そのものであることがわかる（SI 単位の場合は，単位合わせのために μ_0 をかける必要があることに注意）．すなわち，反磁界に逆らって磁化させるために外から与えたエネルギーがそのまま形状磁気異方性のエネルギーになるのである（当然のことであるが！）．そこで，強磁性薄膜の磁化を膜面内と膜面垂直の両方向から測定し，その二つの磁化曲線で囲まれる面積を計算すれば，もし他の（結晶磁気異方性などの）磁気異方性がはたらいていなければ，それは式 (3.19) で表される形状磁気異方性のエネルギーになるはずである．逆に，測定結果が式 (3.19) と食い違っていたら，それは食い違った分だけ他の磁気異方性がはたらいていることを意味している．

ところで，いまは薄膜の形状磁気異方性を例にとって説明をしたが，一般に $E_{\text{a}} = K_{\text{u}} \sin^2 \theta$ で表される一軸異方性がはたらく物質で，困難軸方向に磁界を印加したときに磁化を飽和させるのに要する外部磁界 H_{sat} は，

$$H_{\text{sat}} = \frac{2|K_{\text{u}}|}{M_{\text{s}}} \quad (\text{CGS ガウス \& } E\text{-}H \text{ 対応 MKSA}) \tag{3.20a}$$

$$H_{\text{sat}} = \frac{2|K_{\text{u}}|}{\mu_0 M_{\text{s}}} \quad (\text{SI}) \tag{3.20b}$$

で表される．この磁界を異方性磁界とよび，H_{K} と書くこともある．また，容易軸方向に磁界を印加したときの磁化曲線と困難軸方向に磁界を印加したときの磁化曲線によって囲まれる面積から，異方性定数 K_{u} が求められる．磁化曲線から異方性定数を求める方法は，トルク法に比べて簡便であるので，しばしば使われる．ただし，ときとして大きな誤差を生じることもあり，精度のよい測定を行うにはやはりトルク法がベストであるということを頭に置いておこう（第 4 章参照）．

3.1.3 誘導磁気異方性

誘導磁気異方性 (induced magnetic anisotorpy) とは,外からの何らかの操作によって誘導されて生じる磁気異方性のことを指し,その代表的なものは磁界中冷却効果 (magnetic annealing effect) と圧延磁気異方性 (roll magnetic anisotropy) である.

磁界中冷却効果は,磁界中で熱処理し冷却することによって,磁界方向を容易軸とする磁気異方性が誘導される現象である.歴史的にはパーマロイ (Ni_3Fe) の磁界中冷却効果が有名で,この原因は磁界中で冷却するときに磁界の方向に Ni-Ni あるいは Fe-Fe の原子対が多く分布するような規則的な配列が起こるからだと理解されている.このような原子対の異方的分布を方向性規則配列 (directional order) とよぶ.磁界中冷却効果による誘導磁気異方性は,パーマロイのみならず Co-Fe や Fe-Al などの合金や Co フェライトなど,多くの材料で観測される.

圧延磁気異方性は冷間圧延によって誘導される磁気異方性で,圧延によるすべり変形に伴って生じる方向性規則配列が原因であると理解されている.Fe-Ni 合金の圧延磁気異方性がよく知られている.

誘導磁気異方性には,磁界中冷却効果や圧延磁気異方性以外にも,結晶成長や結晶変態に伴う誘導磁気異方性や,放射線の照射によって生じる誘導磁気異方性,一方向性異方性という特異な現象をもたらす交換磁気異方性,光の照射による光誘導磁気異方性など,いろいろな種類がある.

3.2 磁歪

磁歪 (magnetostriction) とは,物質を磁化したときに,その物質の外形が変形する現象をいう.変形による長さの変化率 $\delta l/l$ は,図 3.7 に示すように,磁界 H とともに増大あるいは減少し,飽和する.消磁状態から出発して飽和するまでの $\delta l/l$ を通常 λ で表す.λ は H に対して平行方向で測定した場合と垂直方向で測定した場合とで,一般的に符号が逆になる.

Fe や Ni などの立方晶の場合の λ は,近似的に次のように表されることがわかっている.

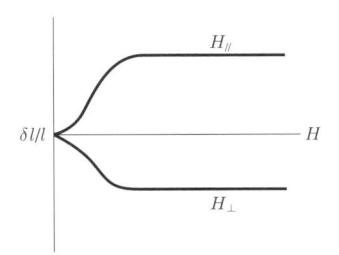

図 3.7 磁歪の測定. $H_{/\!/}$：磁界方向と測定方向が平行，$H_\perp$：磁界方向と測定方向が垂直

$$\lambda = \frac{3}{2}\lambda_{100}\left(\alpha_1{}^2\beta_1{}^2 + \alpha_2{}^2\beta_2{}^2 + \alpha_3{}^2\beta_3{}^2 - \frac{1}{3}\right)$$
$$+3\lambda_{111}(\alpha_1\alpha_2\beta_1\beta_2 + \alpha_2\alpha_3\beta_2\beta_3 + \alpha_3\alpha_1\beta_3\beta_1) \quad (3.21)$$

ここで，$\alpha_1, \alpha_2, \alpha_3$ はそれぞれ結晶の [100], [010], [001] 軸に対する磁化ベクトルの方向余弦で，$\beta_1, \beta_2, \beta_3$ は磁歪を測定する方向の方向余弦である．λ_{100} は [100] 方向に磁化が向いているときに [100] 方向で磁歪を測定したときの値であり，λ_{111} は [111] 方向のそれである．$\lambda_{100}, \lambda_{111}$ は磁歪定数とよばれる．

たとえば，室温で Fe は $\lambda_{100} = 20.7 \times 10^{-6}$，$\lambda_{111} = -21.2 \times 10^{-6}$ という値をもっており，Ni では $\lambda_{100} = -45.9 \times 10^{-6}$，$\lambda_{111} = -24.3 \times 10^{-6}$ である．このように，磁歪は 10^{-5} から 10^{-6} 程度の値であることが多い．

多結晶の場合は平均化され，

$$\lambda = \frac{3}{2}\lambda_{\mathrm{av}}\left(\cos^2\theta - \frac{1}{3}\right) \quad (3.22)$$

と表される．ただし，θ は磁歪の観測方向と磁化とがなす角度であり，λ_{av} は，

$$\lambda_{\mathrm{av}} = \frac{2}{5}\lambda_{100} + \frac{3}{5}\lambda_{111} \quad (3.23)$$

である．ここで，式 (3.22) より $\theta = 0$ と $\pi/2$ の変化率の差，すなわち磁化と平行方向と垂直方向の変化率の差 e は，

$$e = \frac{3}{2}\lambda_{\mathrm{av}} \quad (3.24)$$

となり，磁歪定数 λ_{av} の 3/2 倍になることに注意されたい．

なぜ磁歪が生じるかという問題は，結晶磁気異方性の起源と同様で，結晶内

部の電子系のエネルギーが関係している．磁化の方向によって電子系のエネルギーが異なることが結晶磁気異方性の原因であることはすでに述べた．ところで，結晶内部の電子系は結晶格子と相互作用があり，電子系にとっては居心地のよい結晶格子の状態というものがある．したがって，磁化の方向を一定の向きに揃えると，電子系はなるべく居心地のよいように（すなわちエネルギーが下がるように），結晶格子を歪ませるのである．一方，結晶格子のほうには弾性というものがあり，際限なく歪むわけにはいかない．そこで，磁気的なエネルギーの減少と弾性エネルギーの増大が釣り合うところまで，結晶格子は歪むわけである．したがって，磁歪 λ の中には，磁気モーメントと結晶格子との間の相互作用（この相互作用を媒介するのは電子である）の大きさと弾性定数の両方の情報が含まれている（参考文献 2 あるいは 6 参照）．

3.3 磁区と技術磁化過程

脚注 17 でふれたが，強磁性体の内部は，磁気モーメントの揃ったいくつかの区域に分かれている．この区域のことを磁区 (magnetic domain) とよぶ．なぜ磁区ができるのか，その理由は，もし磁区がなくすべての磁気モーメントが完全に同一の方向を向いてしまったら，表面に磁極が発生し，その磁極に伴う反磁界が磁化を不安定にしてしまうからである．あるいは，形状磁気異方性のエネルギーの分だけ強磁性体のエネルギーが高くなり，不安定になるからといってもよい．磁極の発生に伴って生じるこのようなエネルギーを静磁エネルギー (magneto-static energy) という．

図 3.8 の a, b, c のように，いくつもの磁区に分割されていくと，静磁エネルギーはそれだけ減少する．では，いくらでも分割が進んで，磁区は小さくなっていったほうがよいか？といえば，そういうことでもない．なぜなら，磁区と磁区の境界では，図 3.9 に示したような磁壁 (magnetic domain wall) とよばれるものが存在する．磁壁の内部では，磁気モーメントがねじれているために，磁気モーメントを揃えようとする交換相互作用から見れば不安定なわけである．また，磁気モーメントの向きが変わっているわけだから，磁気異方性という観点でも不安定である．すなわち，磁壁には磁壁のエネルギーというものがあって，

(a) (b) (c) (d) (e)

図 3.8 磁区構造

図 3.9 磁壁

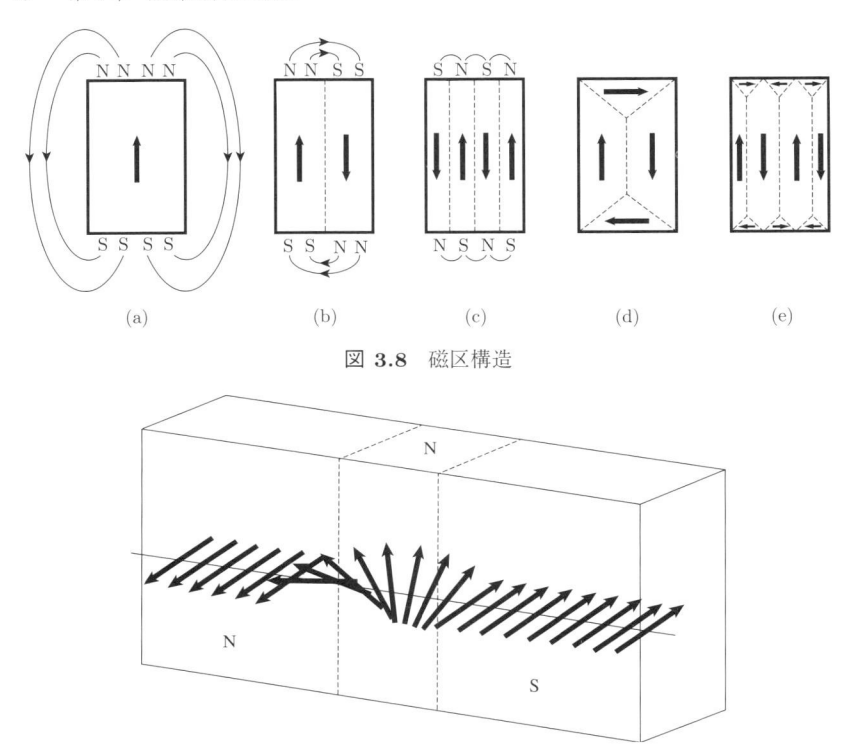

磁壁が増えすぎるとそのエネルギーが高くなりすぎて都合が悪いのである．では，図 3.8 の d, e のような磁区ならどうか？これならば，磁極は発生せず，しかも磁壁の数もそれほど多くない．このような磁区を環流磁区 (closure domain) という．しかし，環流磁区にも問題がある．なぜなら，磁化が異なった方向に向いているので，磁歪による伸縮がうまく適合できず，物質の弾性エネルギーを上げてしまうからである．また，一軸異方性の物質ならば，環流磁区では必ず困難軸を向く磁区が現れねばならず，その点でも問題である．というわけで，どのように磁区ができるかという問題は単純ではなく，いろいろなエネルギーを総合して全エネルギーが最も安定になるようにできるということになる．本書では，磁区構造の詳細には立ち入らないが，重要なことは，

(静磁エネルギー)＋(磁壁のエネルギー)＋(磁気異方性エネルギー)

 ＋(磁歪による弾性エネルギー)

を最小にするように磁区構造は決定されるということである．ここで，磁壁のエネルギーは，交換相互作用エネルギーと磁気異方性エネルギーだから，

 (静磁エネルギー)＋(交換相互作用エネルギー)＋(磁気異方性エネルギー)

 ＋(磁歪による弾性エネルギー)

を最小にするように磁区構造は決定される，と言い換えることもできる．

　いくつもの磁区に分かれた強磁性体に外部磁界を印加し，自発磁化を揃え，最終的に磁化を磁界方向に向ける過程を技術磁化過程 (technical magnetization process) とよぶ．技術磁化過程には，二つの主たる機構がある．一つは磁壁移動 (domain wall displacement) であり，もう一つは回転磁化 (magnetization rotation) である．

　いま，図 3.10a に示したように，一軸異方性をもつ物質に，容易軸からやや傾けた斜めの方向から磁界を印加したとしよう．そのとき，まず磁壁が移動し，図 3.10b の状態を通って，図 3.10c に示すような単一の磁区になるであろう．これが磁壁移動である．この磁壁移動は，磁界を印加すればスルリと起こるものではなく，物質内部の欠陥や不純物などにひっかかりながらガタガタと移動していく．このために，磁化は不連続的な変化をすることになる．これが，強磁性体を電気回路で使うときには，雑音の原因となる．この雑音をバルクハウゼン雑音 (Barkhausen noise) という．図 3.10c の状態からさらに磁界の大きさを上げると，図 3.10d に示すように，磁化は容易軸から無理矢理離されて回転し，磁界方向に向く．これが回転磁化である．

　磁化率 χ や透磁率 μ の大きな磁化されやすい物質，すなわち軟磁性材料は，磁壁が移動しやすくかつ磁化が回転しやすいという特性をもっている．そのための条件として，磁壁移動を妨げるような欠陥や不純物，内部応力がなるべく少ないこと，結晶磁気異方性や磁歪がなるべく小さいことが考えられる．逆に，硬磁性材料すなわち永久磁石としての条件としては，磁壁が移動しにくく，結晶磁気異方性や磁歪の大きいことが必要である．

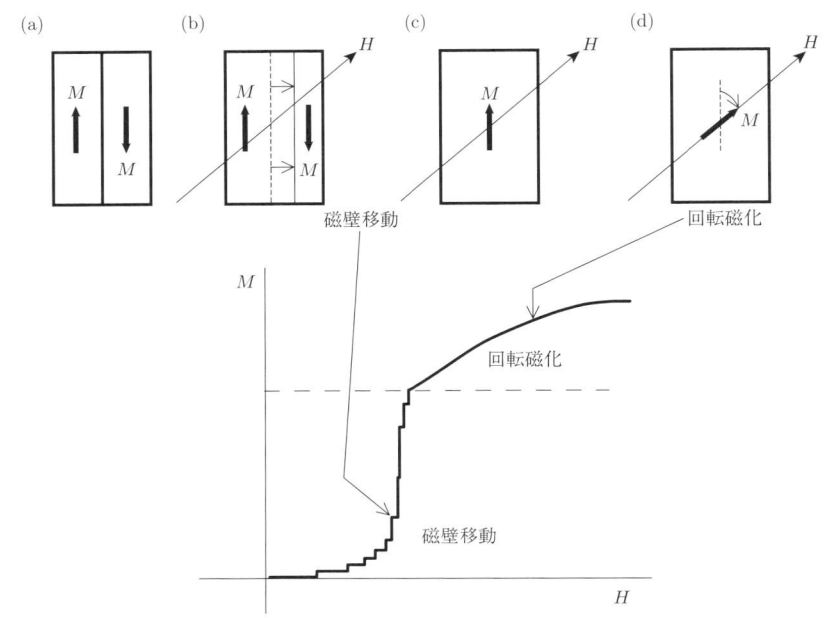

図 3.10 磁壁移動，回転磁化と技術磁化過程

第 3 章　演習問題

演習問題 3.1

回転楕円体の回転対称軸方向に磁界を印加したときの形状磁気異方性エネルギーの表式：式 (3.13) を導出せよ．

演習問題 3.2

$E_\mathrm{a} = K_\mathrm{u} \sin^2 \theta$ で表される一軸異方性がはたらく物質の磁化過程を導出し，困難軸方向に磁界を印加したときに磁化を飽和させるのに要する外部磁界 H_sat が式 (3.20) で表されることを示せ．

演習問題 3.3

立方晶の場合の磁歪の一般式：式 (3.21) において，[100] 方向に磁化が向いているときに [100] 方向の磁歪を測定したときには λ_{100}，[111] 方向に磁化が向いているときに [111] 方向の磁歪を測定したときには λ_{111} になることを示せ．

また，多結晶の場合には，式 (3.22) および式 (3.23) が得られることを示せ．

演習問題 3.4

Ni-Fe 薄膜の膜面内および膜に垂直方向で測定したヒステリシスループの測定例を図 1 および図 2 に示す．サンプルは厚さ 1000 Å (100 nm)，$7.9 \times 7.9 \, \mathrm{mm}^2$ の角型形状である．これらのデータについて以下の問いに答えよ．なお，解答は CGS ガウス，E-H 対応 MKSA および SI の各々の単位系で表すこと．

(1) どちらの方向が磁化容易軸であるか．
(2) 飽和磁化 (M_s) はいくらか．
(3) 磁化が飽和した場合の膜面垂直方向の反磁界の大きさ H_d を求めよ．ただし，この試料の膜厚は十分薄いと考えてよい．
(4) 図 2 より，膜面に垂直の磁界をかけた場合に，ヒステリシスループが飽和する磁界 (H_sat) の大きさを読み取り，(3) で求めた反磁界 (H_d) と比較せよ．

(5) 図1および図2を使用して一軸異方性エネルギー定数 K_u を求め，形状磁気異方性エネルギーと比較せよ．

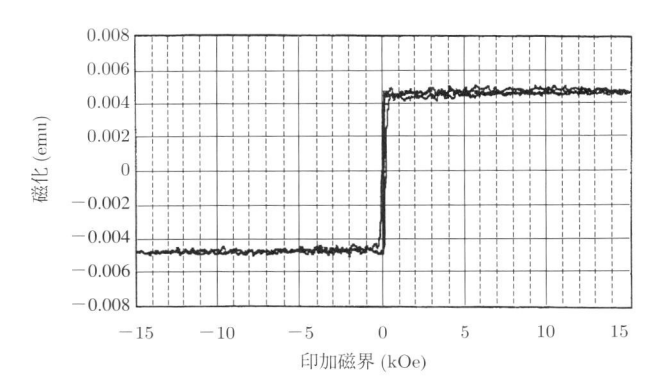

図1 Ni-Fe 薄膜の面内に磁界を印加したときのヒステリシスループ

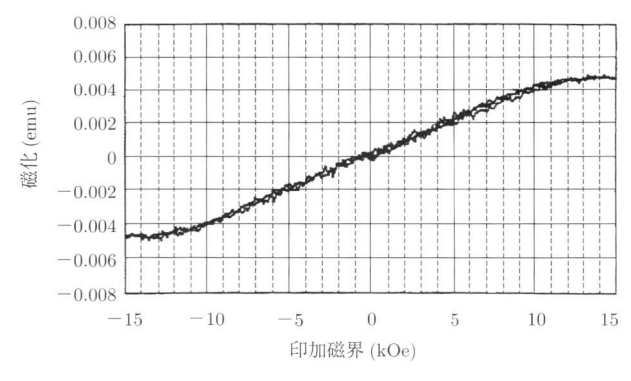

図2 Ni-Fe 薄膜の膜面垂直方向に磁界を印加したときのヒステリシスループ

第4章

磁気測定法

本章では，磁気測定における基本的な実験技術について理解しよう．具体的には，まず磁界の発生法と測定法，それから磁化，磁気異方性，磁歪の測定法を学び，最後に磁区構造の観察法について学ぼう．

4.1 磁界の発生と測定

磁界を発生させるには，1.1.1 節で述べたように，永久磁石による方法とコイルによる方法と二つある．しかし，永久磁石による方法は，磁界の大きさを容易に変えることができないので，研究のための計測用には不向きである．そこで，コイルによる磁界発生が多く利用されている．

コイルによる磁界発生にもいろいろな種類がある．まず，構成が最も単純なものは，空心コイルである．空心コイルの磁界は，式 (1.32) で与えられるように，電流 I と単位長さあたりの巻き数 n に比例する．したがって，原理的には n を増やせば増やすほど磁界は大きくなるはずであるが，しかし式 (1.32) が成り立つのはコイルの径に比べて長さが十分長いときであって，現実には，n を増やそうと思えば径も大きくなり，事情は単純でなくなる．結局，得られる最大磁界は流せる電流の量に依存し，それはジュール熱で加熱されるコイルをいかに冷却するかで決まってくる．通常は，たかだか 1～2 [kOe] (80～160 [kA/m]) までの範囲での使用が多い．また 100 [Oe] (8 [kA/m]) 程度以下の比較的低い磁界で，特に一様性の高い磁界を要求する場合，二つのコイルを適当な距離を置いて向かい合わせに並べたヘルムホルツコイル (Helmholtz coil) が使われる．

空心コイルで強磁界を得るには，大電力電源を用いて，巨大なパイナップルの輪切りを 1 枚ずつらせん状に結合させて並べたような銅コイルに大電流を流

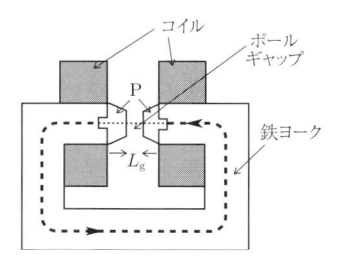

図 4.1 電磁石の概念図

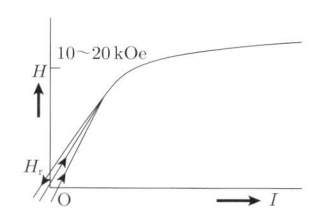

図 4.2 電磁石の電流−磁界曲線

し，大量の水をコイルに通して冷却するという方法もある．この方法で，最大およそ 150～200 [kOe] (12～16 [MA/m]) の磁界が得られるが，特殊な設備なので一般的ではない．

次に，電磁石 (electromagnet) も非常によく使われる磁界発生源である．電磁石は，図 4.1 に示すように，鉄の磁気回路を用いてコイルによって生じる磁束を限られた狭い空間（ポールギャップ：磁極間間隙）に集中させ，大きな磁界を得ようというものである．10～20 [kOe] (0.8～1.2 [MA/m]) 程度までの磁界ならば，比較的簡便に得ることができる．図中 P と記してあるものはポールピース（磁極片）とよばれ，ポールギャップの長さや磁界の一様性，最高発生磁界を調節するために取り換えることができる．電磁石の場合，磁界は初め電流とともに増大するが，鉄の磁化が飽和してくるのに伴って，磁界も飽和しはじめる（図 4.2 参照）．また，電流を下げていくと，$I=0$ でも鉄の残留磁化のために残留磁界 H_r が残る．したがって，磁界の大きさは電流の値を使うのではなく，別な方法で測定しなければならない（磁界の測定方法については後述する）．

その他の磁界発生法としては，超伝導マグネットがあげられる．これは，Nb-Sn

などの超伝導体の導線を空心コイル状に巻いたものである．超伝導状態では抵抗がゼロになるので，電力消費がなく，大きな定常磁界を得ることができる．超伝導マグネットの限界は，電流がある臨界値を越すと超伝導状態が壊れる（quenchする）ことで決まる．通常，最大磁界 50〜150 [kOe] (4〜12 [MA/m]) 程度で使用されるものが多い．超伝導マグネットの難点は，コイルを超伝導状態にするために液体ヘリウムを使わなければならないことである．定期的に液体ヘリウムを補充するのはいささかめんどうな作業であるし，ヘリウムの液化機をもっている大学や研究所ならばよいが，そうでないと液体ヘリウムを購入しなければならないのでコストもかかる．最近では，リード線に酸化物超伝導体を用い，液体ヘリウムを使わず冷凍機でコイルを冷却する超伝導マグネットも開発されている．ちなみに超伝導マグネットの場合では，磁界は電流にほぼ比例するといってよいが，超伝導コイルにトラップされた磁束のために $I = 0$ でも残留磁界が残ることがあるので，低磁場領域では注意すべきである．また，超伝導マグネットと大電力水冷空心コイルを組み合わせて，さらに大きな磁界を得るという方法もある．これをハイブリッドマグネットといい，現在定常磁界としては最大の値（300 [kOe] (24 [MA/m]) 程度）が得られるが，世界でも限られたところでしか行われていない特殊な方法である．

　強磁界の発生法として，定常的ではないが，瞬間的に非常に大きな磁界を得る方法もある．その代表的なものはパルス法で，コンデンサーにためこんだ電気を空心コイルに瞬間放電することで，パルス磁界を得る．400〜500 [kOe] (32〜40 [MA/m]) の磁界を発生させることも可能であるが，計測用の市販品としては 150〜200 [kOe] (12〜16 [MA/m]) のものがある．さらに，瞬間的に超強磁界を得る方法として，クネール法や爆縮法などの電磁濃縮法とよばれるものもあるが，きわめて特殊なので，ここでは名前をあげるにとどめる．

　磁界の大きさ H を測定するのに使われる最も一般的な方法は，ホール効果を利用するものである．ホール効果とは，図 4.3 に示すように物質に電流を流し，電流に垂直に磁界を印加すると，電流および磁界に垂直な方向に電圧が生じる現象である．この電圧 V は，磁界 H，電流 I，物質の厚み d を用いて

$$V = \frac{R_H I}{d} H \tag{4.1}$$

$$V = \frac{R_H I}{d} H$$

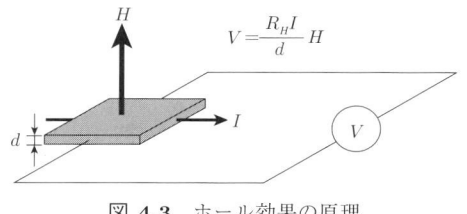

図 **4.3** ホール効果の原理

と表される．ここで R_H はホール係数とよばれ，物質によって決まる定数である．したがって，V は，H の大きさに比例しているので，磁界測定に利用される．半導体を使ったホール素子が市販品として売り出されており，またホール効果を使った磁束計（ガウスメーター）も数多い．磁界の絶対値をきわめて精度よく求めたいときには，核磁気共鳴 (NMR：Nuclear Magnetic Resonance) を利用する方法もある．NMR とは，原子核に磁界を印加すると，磁界の大きさに比例した周波数の電磁波に対して，原子核の核磁気モーメントが共鳴吸収を起こす現象である．磁界測定には，しばしば水 (H_2O) の水素 (H) の原子核（陽子）の NMR が利用される．

4.2 磁化の測定

磁化の測定方法にはいろいろな種類があるが，ここではまず，現在最も一般的に用いられている振動試料型磁力計 (VSM：Vibrating Sample Magnetometer) について述べ，それからその他の方法をいくつか紹介する．

VSM は，試料を 0.1〜0.2 [mm] 程度のわずかな振幅と 80 [Hz] 程度の低周波数で振動させ，試料の磁化によって生じる磁束の時間変化を，傍らに置いたサーチコイルに生じる誘導起電力として検出するものである（図 4.4 参照）．このときの誘導起電力は試料の磁化に比例するので，磁化を測定することができる．VSM は多数の市販品があり，現在ではどの機種もだいたい 10^{-5} [emu] (10^{-14} [Wb·m] あるいは 10^{-8} [A·m^2]) 程度のノイズレベルで $10^{-3} \sim 10^{2}$ [emu] ($10^{-12} \sim 10^{-7}$ [Wb·m] あるいは $10^{-6} \sim 10^{-1}$ [A·m^2])/フルスケールの測定範囲で使えるから，磁化の大きな試料から小さな試料までかなり広範囲にわたっ

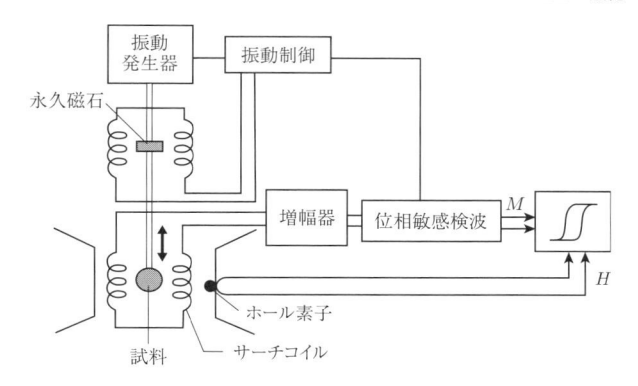

図 4.4 振動試料型磁力計 (VSM) の概念図

て測定ができる．VSM の市販品は，通常電磁石と組み合わせられているが，超伝導マグネットと組合せになったものもある．現在は，コンピュータによる自動測定機能が標準的に付与されているので，きわめて便利である．

　その他の磁化測定法としてあげられるのは，BH トレーサである．この方法は，試料に直接コイルを巻いて，外部磁界を掃引したときに生じるコイルの誘導起電力を積分することによってコイルを貫く磁束を求め，試料の B-H 曲線を得るものである．図 4.5 は，軟磁性材料の B-H 曲線を測定する場合の例である．図では，リング状の試料に二つのコイルを巻いて，一方のコイルで磁界を掃引し，もう一方のコイルで磁束密度を検出するようになっている．BH トレーサでは，外部磁界をゆっくりと掃引すれば直流の B-H 曲線が得られるが，外部磁界を交流的に印加することにより，交流の B-H 曲線を得ることもできる．実際には，直流 B-H 曲線を測定する場合と交流 B-H 曲線を測定する場合では，電気回路系などのシステムが異なるので，同じ装置で測定できるわけではないが，基本原理は同一である．

　VSM と BH トレーサはまったく異なる磁化測定法であるが，電磁誘導による起電力を検出する点では共通している．一方，磁界が磁性体に作用する力を検出することにより磁化を求める，ファラデー法とよばれる方法もある．磁気天秤や磁気振り子がそれにあたる．磁性体が一様な磁界の中に置かれた場合，式 (1.14) で示したような回転のトルクはかかるが，力のベクトル和は打ち消し

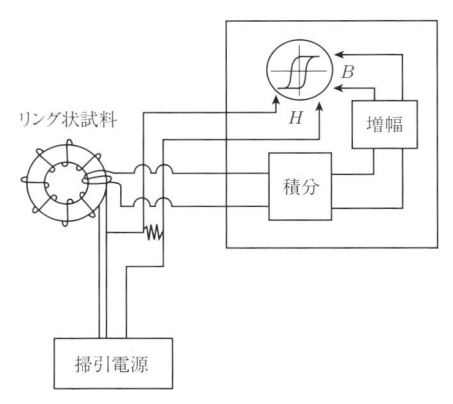

図 4.5　BH トレーサーによる軟磁性体の測定

合ってゼロになるので，磁性体がどちらかの方向に引き寄せられるということはない．しかし，磁界が不均一である場合は，磁性体は磁界の大きい方向に引き寄せられる．このとき引き寄せられる力は磁性体の磁化に比例するので，磁化が測定できるのである．磁気天秤や磁気振り子は VSM と同等の感度をもち，強磁性体のみならず一般の物質の磁化率の測定のために，手作りの装置がかつて非常によく使われていたが，市販の VSM の普及に伴い，最近ではほとんど使われなくなった．

　非常に微弱な磁化を検出する高感度の磁束計としては，超伝導のジョセフソン効果を利用した SQUID（Superconducting Quantum Interference Device：超伝導量子干渉型デバイス）や，ピエゾ素子を利用した AGM（Alternating Gradient Force Magntometer：交番磁場勾配磁力計．交番力磁力計ともいわれる）がある．これらは，VSM に比べ 2〜3 桁ほど感度が高い．現在は，超薄膜や微小磁性体にも関心が高まっており，これらの高感度磁束計の果たす役割は基礎のみならず応用の分野でも重要となっている．また，磁化の絶対値は求められないが，ヒステリシスループを高感度かつ簡便に調べる方法として，磁気光学効果（4.5 節参照）を使う方法もあり，超薄膜や微小磁性体の評価に威力を発揮している．

4.3 磁気異方性の測定

磁気異方性定数は，第3章で述べたように，外部磁界を容易軸方向に印加したときと困難軸方向に印加したときの二つの磁化曲線で囲まれた面積からも求めることもできる．しかし，最も直接的で精度のよい測定は，トルク法によるものである．

試料の磁化を強い外部磁界によって飽和させると，磁化の向きは磁界方向に固定されるが，本来磁化は容易軸方向に向くのが安定であるため，容易軸方向と磁界方向が平行になるように，試料に回転のトルクがかかる．このトルクを測定することにより異方性エネルギーを求めるのがトルク法である．実際に使用されるトルク磁力計は通常，図4.6に示すように，電磁石のポールギャップ内に試料は置かれ，試料を支える円柱棒が細い金属線によって吊り下げられて

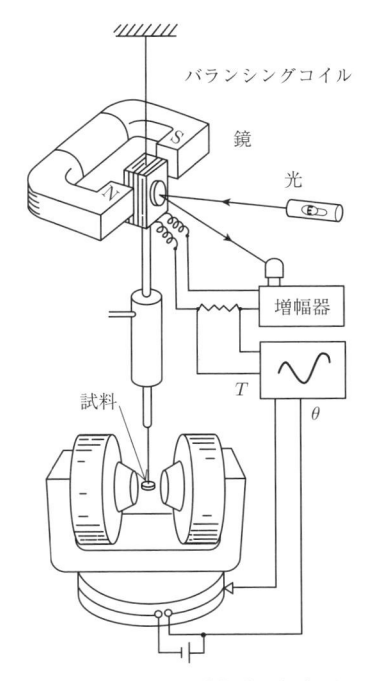

図 4.6 トルク磁力計の概念図

いる．磁界を与えて試料の磁化を飽和させると，トルクがかかって試料は回転しようとする．円柱棒の上部には鏡があって，光てこの原理で試料の回転を検出し，それを電圧に変えて，鏡と一体となったバランシングコイルにフィードバックをかける．そして，試料にかかるトルクとバランシングコイルにかかるトルクが釣り合うように，バランシングコイルに電流が流れる．このときの電流の大きさは，トルクに比例している[†25]．そして，電磁石を回転させることによって印加磁界の方向を変え，バランシングコイルを流れる電流値から求めたトルクを，磁界方向の角度の関数としてプロットする．このトルクの角度依存性をトルク曲線 (torque curve) という．トルク曲線を解析することにより，磁気異方性定数が求められる．

実際にどのようなトルク曲線が得られるのか，ここで考えてみよう．トルク T は，異方性エネルギー E_a を磁化の方向を示す角度 θ によって微分したものとして与えられる．すなわち，

$$T = -\frac{\partial E_\mathrm{a}}{\partial \theta} \tag{4.2}$$

である．

まず，一軸異方性の場合を考えると，E_a は式 (3.1) で与えられるので，容易軸を含む面内で磁界を回転させた場合のトルク T は，

$$T = -K_\mathrm{u1} \sin 2\theta \tag{4.3}$$

と表される．ただし，ここで K_u2 以上の高次の項は無視している．このとき，トルク曲線は図 4.7 のような 180° 周期の正弦曲線となり，その振幅から K_u1 が求められる．

次に立方晶の場合を考えると，E_a は式 (3.5) で与えられる．まず，(100) 面内で磁界を回転させるときは，[001] 軸と磁界方向とのなす角を θ とすると，

[†25] バランシングコイルに流れる電流を一定にし，鏡の反射光の変位を検出して，トルクを測定する場合もある．

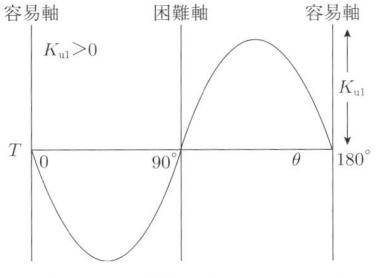

図 **4.7** 一軸異方性のトルク曲線

$$\alpha_1 = 0$$
$$\alpha_2 = \sin\theta \tag{4.4}$$
$$\alpha_3 = \cos\theta$$

とおくことができ，式 (4.4) を式 (3.5) に代入して，

$$E_a = K_1 \cdot \sin^2\theta \cos^2\theta \tag{4.5}$$

となる．ただし，ここでは K_3 以上の高次の項を無視している．そこで，式 (4.2) より，

$$T = -\frac{K_1}{2}\sin 4\theta \tag{4.6}$$

が得られる．したがって，トルク曲線は図 4.8a に示すような 90° 周期の正弦曲線となり，その振幅から K_1 が求められる．

次に，(111) 面内で磁界を回転させるときを考えると，$[11\bar{2}]$ 軸と磁界方向のなす角を θ として，

$$T = \frac{K_2}{18}\sin 6\theta \tag{4.7}$$

と書かれる．したがって，図 4.8b に示すようなトルク曲線となり，K_2 が求められる．

実際に図 4.7，図 4.8 のようなトルク曲線を得るためには，試料を球状あるいは円板状にするなどして，形状磁気異方性の効果を除去しなければならない．また，異方性定数の高次の項が無視できなかったり，立方晶の場合でも立方対

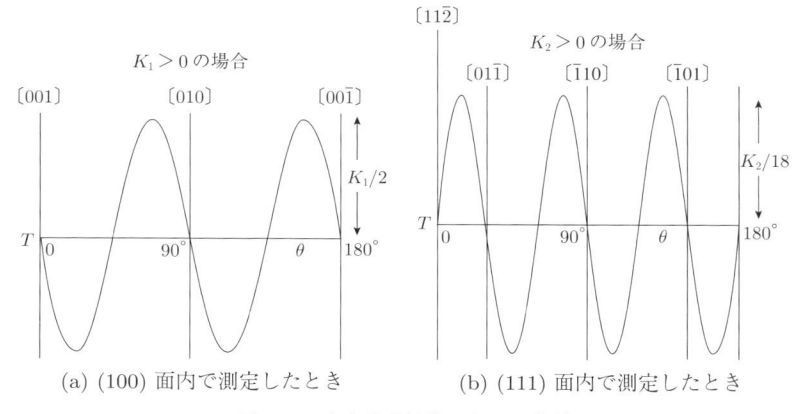

(a) (100) 面内で測定したとき (b) (111) 面内で測定したとき

図 **4.8** 立方晶磁性体のトルク曲線

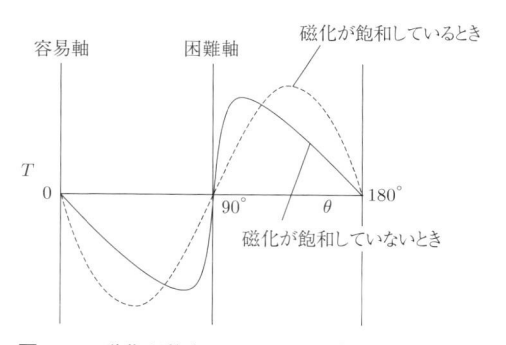

図 **4.9** 磁化が飽和していないときのトルク曲線

称の異方性だけでなく一軸性の誘導異方性が重畳したりすることもあるし，また (001), (111) 面以外の面で回転させる場合など，いろいろな場合が考えられ，現実のトルク曲線はもっと複雑になる可能性がある．そのような場合は，トルク曲線をフーリエ分解して，2θ 成分，4θ 成分，6θ 成分などそれぞれの振幅を導出する必要がある．

以上に述べたトルク曲線の解析は，あくまで磁化が完全に飽和している場合の話である．困難軸方向でも磁化を飽和させるだけの十分高い磁界が得られる場合は問題ないが，異方性が大きい場合は必ずしも飽和できるとは限らない．たとえば一軸異方性のトルク曲線は，磁化が飽和しないと，図 4.9 のように鋸状

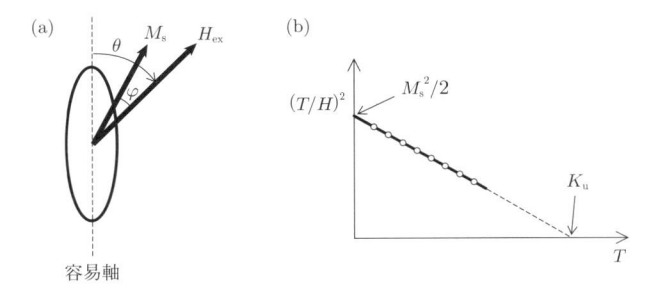

図 **4.10** 45 度トルク法

の曲線となり，トルク曲線から単純に異方性定数を求めることはできない．そのような場合には，45 度トルク法とよばれる方法がしばしば用いられる．この方法は，一軸異方性の存在のみを仮定し，容易軸から 45° 傾いた方向に磁界を印加し，トルクの磁界依存性を調べることにより，一軸異方性定数 K_u を求めるものである．いま，図 4.10a に示すように，容易軸と外部磁界 H_ex のなす角度を θ，自発磁化 M_s と磁界のなす角度を φ とすると，試料の磁気的なエネルギー E は，

$$E = K_\mathrm{u} \sin^2(\theta - \varphi) - M_\mathrm{s} H_\mathrm{ex} \cos\varphi \tag{4.8}$$

である．このとき，M_s の向く方向 φ は，

$$\begin{aligned}\frac{\partial E}{\partial \varphi} &= -2K_\mathrm{u} \sin(\theta - \varphi)\cos(\theta - \varphi) + M_\mathrm{s} H_\mathrm{ex} \sin\varphi \\ &= 0\end{aligned} \tag{4.9}$$

によって決められる．一方，トルク T は，

$$\begin{aligned}T &= -\frac{\partial E}{\partial \theta} \\ &= 2K_\mathrm{u} \sin(\theta - \varphi)\cos(\theta - \varphi)\end{aligned} \tag{4.10}$$

であるから，式 (4.9) と式 (4.10) より，

$$T = M_\mathrm{s} H_\mathrm{ex} \sin\varphi \tag{4.11}$$

となる．ここで $\theta = 45°$ として，式 (4.9) および式 (4.11) から φ を消去すると，

$$\left(\frac{T}{H}\right)^2 = -\frac{{M_\mathrm{s}}^2}{2K_\mathrm{u}}T + \frac{{M_\mathrm{s}}^2}{2} \tag{4.12}$$

が得られる．したがって，図 4.10b に示すように，縦軸を $(T/H)^2$ とし横軸を T としてプロットすると，縦軸・横軸をを横切る値から，M_s と K_u が求められる．

磁気異方性の測定法としては，トルク法以外にも強磁性共鳴 (FMR：Ferromagnetic Resonance) による方法も一つの有力な手段であることを付け加えておく．

4.4 磁歪の測定

磁歪の測定には，ストレインゲージ (strain gauge) による方法が最も簡便である．ストレインゲージは，紙などに抵抗線を付着させたもので，これを試料に接着剤で貼りつけ，磁界を印加し試料が変形すると，同時に抵抗線も変形し抵抗値が変化するので，それから歪みが測定できるわけである．

ストレインゲージによる方法は，バルク試料の測定には非常に有力であるが，たとえば厚い基板上に蒸着された薄膜などの磁歪の測定には使えない．そのような場合には，光てこ法による方法が用いられる．この方法は，磁界を印加したことによる試料のたわみを光てこ法によって検出することにより，磁歪を算出するものである．測定の概略図を図 4.11 に示す．薄膜試料の一辺を保持して磁界中に置き，レーザー光を薄膜表面に入射する．磁界を試料面内で回転させ，磁歪による試料のたわみから生じる反射光の位置の変化を，光電素子とピエゾ素子が一体となった受光部で検出する．磁界をたわみの測定方向と平行に印加したときと垂直に印加したときの反射光位置の変化量 ΔS は，磁歪 λ に比例する．すなわち，

$$\Delta S = A\lambda \tag{4.13}$$

である．ここで，比例係数 A は，基板および作製した磁性薄膜の厚みとヤング率に依存する関数となっている．したがって，磁歪の算出には，基板のみならず磁性薄膜のヤング率をあらかじめ知っておく必要がある．もしすでにヤング

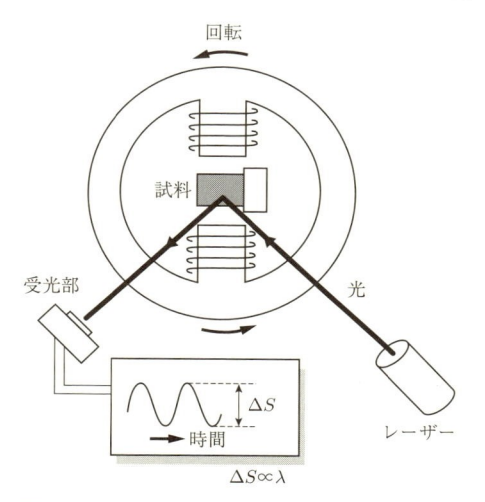

図 4.11 薄膜磁歪の測定．光てこ法の概略図

率がわかっている場合ならばよいが，そうでない場合には適当にヤング率を仮定せねばならず，その点で曖昧さが残るという問題をこの方法はもっている．

4.5 磁区構造観察

　磁区構造観察の古典的な方法は，粉末図形法である．この方法は，強磁性のコロイド粒子を含んだ液体を強磁性体の表面上にたらして，コロイド粒子の描く模様を顕微鏡で見るものである．磁区と磁区の境界，すなわち磁壁の部分には，磁極が表面に現れ磁界が漏洩しているため，コロイド粒子が引きつけられて集まり，磁区が観察できるのである．粉末図形法によって観察される磁区図形を，この方法を最初に試みた研究者の名前をとって，ビッター図形 (Bitter pattern) ともいう．粉末図形法は安価で有力な手段であるが，試料表面の歪みを電界研磨などで除去することと良質のコロイド液を使うことに，十分注意を払わなければならない．また，粉末図形法の欠点としては，コロイド粒子が磁壁の高速運動に追従できず，磁区図形の変化が早いときには観察できないことや，高温ではコロイド液が乾燥してしまうため観察できないことがあげられる．このよ

うな欠点をもたない磁区観察法に，磁気光学効果 (magnetooptical effect) を用いた方法がある．磁気光学効果とは，直線偏光の光を磁性体に入射したときに，磁化の向きに依存して，透過光あるいは反射光が楕円偏光になり，かつ偏光面が回転する効果である[†26]．したがって，直線偏光の光を試料表面に入射し，透過光ないしは反射光を検光子を通して顕微鏡で観察すれば，磁化の向きの異なった磁区が光のコントラストとして見ることができる．粉末図形法が磁壁を見ているのに対し，磁気光学的方法では，磁区そのものを見ているといってもよい．

粉末図形法も磁気光学的方法も光学顕微鏡による観察法であるから，倍率に限界がある．さらに分解能の高い観察を行う場合には，電子顕微鏡を用いる観察法が使われる．もし試料が電子線の透過するような薄膜であれば，透過電顕像で磁区を観察できる．なぜなら，電子線が試料内を透過するとき，自発磁化に依存したローレンツ力を受け，磁区によって異なる方向に偏向するからである．このような方法をローレンツ顕微鏡法 (Lorentz micrography) という．ローレンツ顕微鏡法は分解能が高い反面，電子線が透過しない数百 nm 以上の厚い試料には使えないこと，情報が膜厚方向に積分されて表面のみの情報を得られないことなどの欠点がある．そのような欠点をカバーする観察法として，最近では，スピン偏極走査電子顕微鏡[†27]とよばれるものが開発されている．これは，走査電子顕微鏡の2次電子検出の部分でスピン偏極解析を行えるようにしたもので，試料表面の 1 [nm] 程度までの磁化の情報を知ることができる．

走査型プローブ顕微鏡の一つである磁気力顕微鏡 (MFM：magnetic force microscope) は，磁性材料の探針を用いて試料表面の漏洩磁界分布を測定することにより，ナノスケールの高分解能で磁区構造を調べることができる．現在，一般的な磁区構造観察手段として，多くのグループで使用されるようになっている．走査型プローブ顕微鏡の応用としては，走査型トンネル電子顕微鏡 (STM：scanning tunneling microscope) を用いて，スピン偏極したトンネル電流を検出することにより表面の磁気状態を調べるスピン偏極STMも開発されており，原

[†26] 透過光に関するものをファラデー効果 (Faraday effect)，反射光に関するものをカー効果 (Kerr effect) とよんでいる．酸化物などはファラデー効果が観測できるものも多いが，金属の場合は光の吸収が大きく，通常透過光は観測できないので，カー効果が使われる．

[†27] しばしば省略してスピン SEM とよばれる．また，英語では，SEM Polarization Analysis を略して SEMPA ともよばれている．

理的には原子的オーダーで表面の磁気状態の情報を得ることができるが，一般的に用いられるまでにはまだ至っていない．

また，円偏光の放射光を利用した磁気円二色性(XMCD：X-ray magnetic circular dichroism)顕微分光法は，原子レベルで，元素選択的に磁気情報を得ることができ，ダイナミックスの研究にも応用することができる．放射光施設を使うのであまり一般的ではないが，有力な手段として今後重要性が増すであろう．

第 4 章　演習問題

演習問題 4.1

電磁石の概念図：図 4.1 において，発生する磁界の大きさ H は，鉄の磁化が飽和しない限り，

$$H \approx \frac{4\pi}{c} \cdot \frac{NI}{L_g} \quad \text{(CGS ガウス)} \tag{1a}$$

$$H \approx \frac{NI}{L_g} \quad \text{(E-H 対応 MKSA \& SI)} \tag{1b}$$

と表されることを示せ．ただし，N はコイルの全巻き数，I は電流，L_g はポールギャップ長である．

演習問題 4.2

超伝導量子干渉型デバイス (SQUID) による磁化測定の原理を調べよ．

演習問題 4.3

交番磁場勾配磁力計 (AGM) による磁化測定の原理を調べよ．

演習問題 4.4

一軸異方性の場合のトルク曲線は，K_{u2} 以上の高次の項を無視すれば，式 (4.3) で与えられる．しかし，現実には，K_{u2} の効果が無視できない場合も多い．K_{u2} まで取り入れ，K_{u3} 以上の高次項を無視した場合のトルク曲線を導け．

演習問題 4.5

立方晶の結晶磁気異方性の場合，K_3 以上の高次の項を無視すると，(111) 面内で磁界を回転させたときのトルク曲線は，式 (4.7) のように表されることを導け．

演習問題 4.6

膜面垂直に [001] 配向した Fe 単結晶薄膜の膜面内 [100] および [110] 方向に磁界を印加して測定したヒステリシスループを図 1 に示す．試料形状は角型で，膜厚 425 Å (42.5 nm)，大きさ $10 \times 10\,\mathrm{mm}^2$ である．以下の問いに答えよ．答えは CGS ガウス，E-H 対応 MKSA, SI それぞれの単位系で表せ．

(1) 図1のヒステリシスループをもとに，飽和磁化の値を求めよ．
(2) どちらの方向が容易軸であるか？
(3) 磁化容易軸と磁化困難軸のヒステリシスループより，結晶磁気異方性定数 K_1 を求めよ．
(4) 図2には，図1と同じFe単結晶薄膜のトルク曲線を示す．ただし，この場合試料形状は，直径6mmの円板状である．磁界は膜面に平行であり，すなわち (001) 面内で磁界を回転させている．図3に示されているFeの結晶構造を参照して図2中に結晶軸方位を記入せよ．
(5) トルク曲線をもとに，Feの結晶磁気異方性定数 K_1 を求めよ．
(6) ヒステリシスループおよびトルク曲線から求めた結晶磁気異方性定数 K_1 の値を比較せよ．それぞれの方法で，どのような利点があると思うか考察せよ．

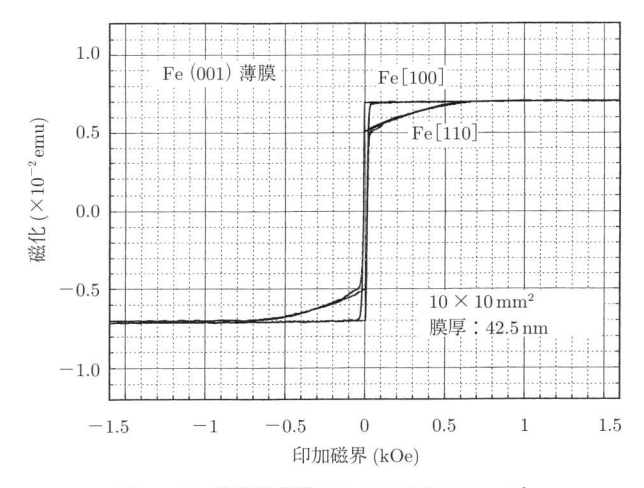

図1 Fe単結晶薄膜のヒステリシスループ

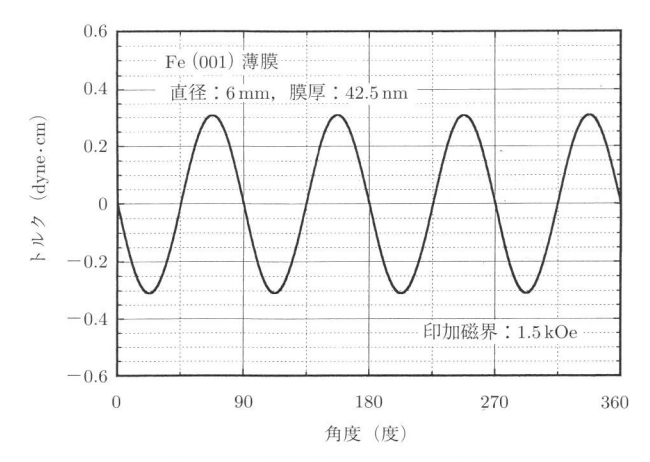

図 2　Fe 単結晶薄膜のトルク曲線

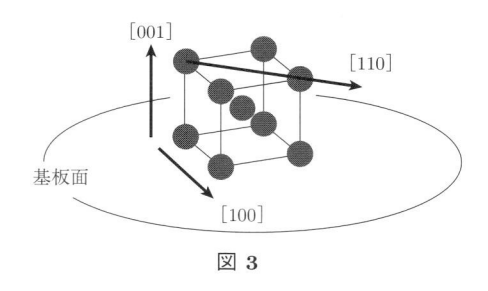

(グラフ内ラベル)
Fe (001) 薄膜
直径：6 mm，膜厚：42.5 nm
印加磁界：1.5 kOe
トルク (dyne·cm)
角度（度）

図 3

[001]
[110]
[100]
基板面

第5章

原子磁気モーメントと磁性体の分類

本章では,物質の磁性の起源である原子磁気モーメントについて最も基本的な事柄を学ぼう.特に,原子磁気モーメントが電子のもつ角運動量と関係していることを理解しよう.それから,原子磁気モーメントという観点から見た磁性体の分類について学ぼう.

5.1 原子磁気モーメントと角運動量

1.3 節で,磁化の原因は原子の磁気モーメントであることを述べた.では,なぜ原子は磁気モーメントをもつのであろうか？ その原因は,原子の中の電子にある.誰もがよく知っているように,原子は原子核と電子に分けることができ,正電荷をもつ原子核の周囲で負電荷をもつ電子が運動している.したがって,電子が運動すれば電流を生じ,その電流が磁界を発生させる.すなわち,原子は自ら磁界を発生させているのであって,それは大きなスケールから見れば磁気モーメントをもつ磁気双極子と等価でなのある.

本節では,原子の磁気モーメントが電子の角運動量 (angular momentum) と密接不可分な関係にあることを説明しよう.そのために,まず小さな円電流が作る磁気モーメントについて考えてみる.図 5.1 に示すように,半径 r で電流値が I の円電流は,

$$m = k\pi r^2 I \tag{5.1}$$

ただし,

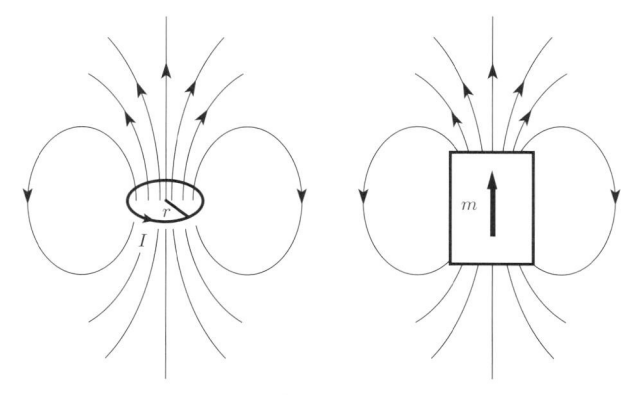

$$k\pi r^2 I = m$$

図 **5.1** 小さな円電流は磁気双極子と等価である

$k = \dfrac{1}{c}$ 　　（CGS ガウス）

$k = \mu_0$ 　　（E-H 対応 MKSA）

$k = 1$ 　　（SI）

で表される磁気モーメント m をもつ磁気双極子と等価である．式 (5.1) を証明するには，円電流の作る磁界分布が磁気双極子の作る磁界分布と等しくなることを示せばよい．その方法はたいていの電磁気学の教科書に載っているが，本書では，少し異なる方法で式 (5.1) を導いてみよう．

いま，図 5.2 に示すように，円電流が一様な外部磁界 $\boldsymbol{H}$ の中に置かれたとしよう．このときに円電流が受けるトルクを計算してみる．電流が磁界を作るのに対する反作用として，電流は外部磁界から力を受ける[28]．電流の単位長さあたりの力 $\boldsymbol{f}$ は，

$$\boldsymbol{f} = k'(\boldsymbol{I} \times \boldsymbol{H}) \tag{5.2}$$

と書ける．ただし，CGS ガウス単位系では $k' = 1/c$ であり，E-H 対応 MKSA

---

[28] 正確にいうと，電流に力を与えるのは磁束密度 B であるが，ここでは真空空間に置かれた電流を考え，$\boldsymbol{H}$ を使って議論を進める．

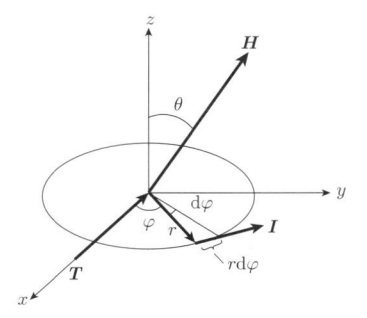

図 5.2　一様な磁界中に置かれた円電流に作用するトルク

および SI 単位系では $k' = \mu_0$ である．ここで，式 (5.1) の k と式 (5.2) の k' は異なることに注意しよう．また，I は電流の流れる向きも含めたベクトルとして考えている．これを図 5.2 の円電流の場合に適用すると，円電流の線素 $rd\varphi$ に作用する力 dF は，

$$d\bm{F} = k'(I r d\varphi \times \bm{H}) \tag{5.3}$$

であり，したがってトルク $d\bm{T}$ は，

$$\begin{aligned} d\bm{T} &= \bm{r} \times d\bm{F} \\ &= k'[\bm{r} \times (\bm{I} \times \bm{H})] r d\varphi \end{aligned} \tag{5.4}$$

となる．ただし，$\bm{r}$ は円電流の中心を基点とした円電流上の位置ベクトルである．ここで，図 5.2 のように，円電流で囲まれる平面に垂直な方向を z 軸とし，$\bm{H}$ は yz 面内で z 軸と角 θ をなす方向に印加されているとすると，

$$\begin{aligned} \bm{I} &= (-I\sin\varphi, I\cos\varphi, 0) \\ \bm{H} &= (0, H\sin\theta, H\cos\theta) \\ \bm{r} &= (r\cos\varphi, r\sin\varphi, 0) \end{aligned} \tag{5.5}$$

であるから，これらを式 (5.4) に代入し，

$$dT_x = -k' I H r^2 \sin\theta \sin 2\varphi \, d\varphi$$

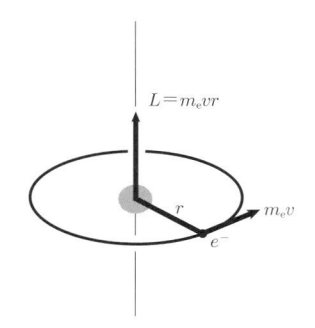

図 5.3 単純な原子模型．原子核の周囲に電子が円軌道を作る

$$dT_y = k'IHr^2 \sin\theta \sin\varphi \cos\varphi d\varphi \tag{5.6}$$
$$dT_z = 0$$

となる．そこで，φ に対して 0 から 2π まで積分して，円電流に作用するトルクの総和 T を計算すると，$T_y = T_z = 0$ で T_x のみが有限の値として残り，

$$T_x = -k'IH\pi r^2 \sin\theta \tag{5.7}$$

が得られる．この式を磁気モーメント $\boldsymbol{m}$ に作用するトルクを与える式 (1.14) あるいは式 (1.46) と比べると，式 (5.1) が得られる．

さて，話を原子の磁気モーメントに戻そう．簡単な原子の模型として，図 5.3 のように，原子核の回りに 1 個の電子が半径 r の円形軌道を描いて運動している状態を考える．電子の質量を m_e，速度の大きさを v とすると，電子の角運動量の大きさ L は，

$$L = m_e v r \tag{5.8}$$

で与えられる．また，電流値 I は，円形軌道上のある任意の点で単位時間内に通過する電荷量に等しいから，

$$I = -\frac{ev}{2\pi r} \tag{5.9}$$

である．ただし，e は素電荷の値であり，負符号は電子の電荷が負であることによる．そこで，式 (5.1) より，この原子の磁気モーメント m は，

$$m = -\frac{kevr}{2} \tag{5.10}$$

と表される．m も L も電子の円形軌道が囲む平面に垂直方向を向いているから，m と L をベクトル量と考え，式 (5.8) と式 (5.10) より，

$$\boldsymbol{m} = -\frac{ke}{2m_\mathrm{e}}\boldsymbol{L} \tag{5.11}$$

となる．すなわち，原子磁気モーメントは電子の角運動量に比例し，比例定数は $-ke/2m_\mathrm{e}$ で表されることがわかる．ところで，式 (5.11) は電子の軌道運動に対して得られた関係であるが，電子がもっている角運動量は軌道運動によるものだけではない．電子は，自転運動に相当する角運動量をもっている．これをスピン角運動量 (spin angular momentum) とよび，通常 $\boldsymbol{S}$ で表す．スピンに対し，電子の軌道運動に伴う角運動量は軌道角運動量 (orbital angular momentum) といって，区別する．スピン角運動量とスピン角運動量が作る磁気モーメントはやはり比例関係にあるが，軌道角運動量の場合とは比例係数が異なる．$\boldsymbol{m}$ と $\boldsymbol{S}$ の間には，

$$\boldsymbol{m} = -\frac{ke}{m_\mathrm{e}}\boldsymbol{S} \tag{5.12}$$

の関係が成り立つ．式 (5.11) と比べて，比例係数が 2 のファクターだけ異なっていることに注意されたい．式 (5.12) の関係は，相対論的量子力学の結果として導かれるものであるが，導出法についてはここではふれない．

軌道とスピンの両方の寄与を合計した磁気モーメントは，式 (5.11) および式 (5.12) から，

$$\boldsymbol{m} = -\frac{ke}{2m_\mathrm{e}}(\boldsymbol{L} + 2\boldsymbol{S}) \tag{5.13}$$

と書ける．いまは電子 1 個について考えたが，電子が複数個ある場合には，一つの電子の軌道角運動量を l_i，スピン角運動量を s_i として，

$$\boldsymbol{L} = \Sigma \boldsymbol{l}_\mathrm{i} \tag{5.14}$$

$$\boldsymbol{S} = \Sigma \boldsymbol{s}_\mathrm{i} \tag{5.15}$$

と置き換えればよい．ただし，i は 1 個 1 個の電子につけられた番号で，Σ は

電子の総計である．

こうして，原子磁気モーメント m がどのように決まるか，という問題は，$L+2S$ がどうであるか，という問題に帰着する[29]．$L+2S$ は，フントの規則 (Hund's rule) とよばれる量子力学に基づいた規則に従って計算することができるが，本書では詳細には立ち入らない．しかし，原子磁気モーメントに関して定性的な説明をもう少し付け加えておこう．

周期律表にあるさまざまな元素の違いは，1原子あたりの電子数の違いであることは，誰もが知っているであろう．すなわち，原子番号が大きい元素ほど，電子数は多い．それならば，式 (5.13)，式 (5.14)，式 (5.15) から考えて，電子数の多い，すなわち原子番号の大きい元素ほど m も大きいかといえば，そうとはいえない．なぜなら，原子の中の一つひとつの電子がもつ角運動量は，多くは互いに逆向きに配列し，相殺してしまっているからである．量子力学の教えるところによれば，原子の中の電子のエネルギーは連続的でなく，離散的な準位に分かれている．この準位には，数字とアルファベットが組になった名前が一つひとつつけられていて，エネルギーの低い順から，1s, 2s, 2p, 3s, 3p, 3d, 4s, 4p, 4d, 4f, ... のようになる．アルファベットの前にある数字は主量子数とよばれ，電子の軌道の大きさの指標となる．同じ主量子数をもつ準位をまとめて，殻という．1s は K 殻，2s, 2p は L 殻，3s, 3p, 3d は M 殻，というように名づけられている．s, p, d, などのアルファベットは，その主量子数のもとでの電子の取り得る軌道を表している．パウリの原理 (Pauli's principle) によって各々の軌道には電子を収容できる数が決められていて，s 軌道では 2 個，p 軌道では 6 個，d 軌道では 10 個，f 軌道では 14 個となっている．電子の数が増えていくときは，エネルギーの低い準位から順番に電子は収容されていくが，一つの準位が収容しうる数の電子で満たされてしまうとき，すなわち閉殻構造になるときは，満たされた準位の中での電子の角運動量は互いに逆向きに配列し，式 (5.14) および式 (5.15) で定義される L も S もゼロとなるのである．したがって，L も S も消えず

---

[29] 厳密には，原子磁気モーメントには，原子核の作る磁気モーメントも含めて考えるべきである．なぜなら，原子核は軌道運動はしないが，電子と同様にスピンをもっているからである．しかし，一般に，原子核の磁気モーメントは電子の磁気モーメントに比べ非常に小さい．式 (5.12) からわかるように，角運動量と磁気モーメントを関係づける比例係数の分母には，荷電粒子の質量が入っている．原子核の質量は電子の質量に比べて 3 桁以上も大きいので，結果として原子核のもつ磁気モーメントは電子のそれに比べて無視してよいくらい小さくなってしまうのである．

に残る準位，すなわち磁気モーメントをもちうる準位というのは，その原子の中でエネルギーが高く，収容可能数が満たされていない準位である．たとえば，Fe, Co, Ni などが並ぶ第4周期の遷移元素では 3d 軌道の電子が，Sm や Nd が属する希土類元素では 4f 軌道[30]の電子が磁気モーメントに主たる寄与を与え，それ以外の電子はほとんど効かない．また，電子準位が閉殻構造となっている原子は磁気モーメントをもたないことはいうまでもない[31]．

ここで，あらためて式 (5.13)，式 (5.14)，式 (5.15) に話を戻そう．一つの電子がもちうるスピン角運動量 s_i は離散的であり，

$$\frac{\hbar}{2} \quad \text{あるいは} \quad -\frac{\hbar}{2}$$

であることがわかっている．ここで，

$$\hbar = \frac{h}{2\pi}$$
$$= 1.055 \times 10^{-27} \, [\text{erg} \cdot \text{s}] = 1.055 \times 10^{-34} \, [\text{J} \cdot \text{s}] \tag{5.16}$$

であり，h はプランク定数である．電子の数が増えるときは必ずしもその数だけ S が増えるというわけではないが，ともかくも S のとりうる値は，

$$\frac{n\hbar}{2}, \frac{(n-1)\hbar}{2}, \ldots, -\frac{(n-1)\hbar}{2}, -\frac{n\hbar}{2} \quad (\text{ただし } n \text{ は整数})$$

と表される離散的な値となる．一方，軌道角運動量 L も離散的な値しかとれないことがわかっていて，それは，

$$l\hbar, (l-1)\hbar, \ldots, -(l-1)\hbar, -l\hbar \quad (\text{ただし } l \text{ は整数})$$

のいずれかである．したがって，式 (5.13) より，原子磁気モーメントは $ke\hbar/2m_e$

---

[30] 1電子波動関数の場合には，主量子数の順番でエネルギー準位は決まっているが，多電子系では必ずしもそれは成り立たず，主量子数の小さい軌道が大きい軌道よりもエネルギーが高くなることもある．希土類元素では，5s, 5p および 6s 軌道は満たされているが，4f 軌道は満たされていない．
[31] ここでいう原子とは，広くイオンまで含めて考えたほうがよい．原子そのままの状態と電子を授受したイオンの状態では，電子数が異なるので，したがって磁気モーメントの値も異なる可能性がある．たとえば，もし酸素原子を一つだけ取り出すことができれば，2p 軌道が不完全であるから磁気モーメントをもちうるが，O^{2-} のイオンの状態になると，Ne と同じ閉殻構造となるから，磁気モーメントをもたない．

の整数倍になることがわかる．この $ke\hbar/2m_e$ の値をボーア磁子 (Bohr magneton) とよび，通常 μ_B と書く[32]．すなわち，

$$\mu_B = \frac{ke\hbar}{2m_e}$$

$$= \frac{e\hbar}{2m_e c} = 9.274 \times 10^{-21} \text{ [emu]} \qquad \text{(CGS ガウス)} \qquad (5.17\text{a})$$

$$= \frac{\mu_0 e\hbar}{2m_e} = 1.165 \times 10^{-29} \text{ [Wb·m]} \qquad \text{(E-H 対応 MKSA)} \qquad (5.17\text{b})$$

$$= \frac{e\hbar}{2m_e} = 9.274 \times 10^{-24} \text{ [A·m}^2\text{]} \qquad \text{(SI)} \qquad (5.17\text{c})$$

である．このような事情から，原子磁気モーメントは，通常 emu や Wb·m，A·m² ではなく，μ_B 単位，すなわち μ_B の何倍か，という数で表現される．

実際に，もし孤立した一つの原子の磁気モーメントを測定すれば，それは μ_B の整数倍の値をとるはずである．しかし，固体内においては，事情はそれほど単純ではない．それでもたとえば，イオン性結晶のような場合は一つの原子に属する電子の数が比較的はっきりしているので，やはり原子磁気モーメントの値はおおむね μ_B の整数倍になることが多い[33]．問題は金属である．金属では，電子は固体内に広がり動き回っているので，原子 1 個あたりの L や S を定義することが困難になり，磁気モーメントも中途半端な値になってしまう[34]．

ここで，簡単な演習として，CGS ガウス単位を用いて Fe の飽和磁化 M_s の値か

---

[32] 原子磁気モーメントには，しばしば μ という記号を用いるが，透磁率を表す μ とはまったく異なるので，混乱がないように注意されたい．

[33] イオン性結晶では，確かに原子磁気モーメントはおおむね μ_B 整数倍になることが多い．しかし，その場合でも，フントの規則を使って式 (5.13) から計算される値になるとは限らない．なぜなら，固体中の原子は結晶場の影響を受けてしばしば $L = 0$ となることがあるからである．これを軌道角運動量の消失 (quench) という．その理由については本書ではふれないが，なぜかということはさておいても，軌道角運動量の消失という現象があるということくらいは頭にとどめておいてよい（詳しくは，参考文献 1, 3 や 8, 9, 10 などを参照されたい）．軌道角運動量が消失した場合の原子磁気モーメントは，式 (5.13) に $L = 0$ を代入して，

$$m = -\frac{ke}{m_e} \cdot S = -\frac{2\mu_B S}{\hbar}$$

で与えられる．実際に，イオン性結晶中の遷移元素の磁気モーメントの多くが，この式で計算されたものとだいたい一致することがわかっている．

[34] 希土類金属の場合は，磁気モーメントを作る 4f 軌道の電子が結晶中にあまり広がらず，原子の位置に局在しているので，原子磁気モーメントはおよそ μ_B の整数倍になることが多い．ちなみに，希土類金属の場合，電気伝導を担っているのは，5d および 6s 軌道の電子である．

ら原子磁気モーメント μ_{Fe} を求めてみよう．Fe の M_s は低温で 1744 [emu/cm^3] であることがわかっている．ところで，Fe の結晶構造は図 3.1 に示したような bcc であり，格子定数 a は 2.87 [Å] である．bcc の場合，単位格子の中に原子は 2 個あるから，単位体積あたりの原子数 N は，$2 \div (2.87 \times 10^{-8} \text{ [cm]})^3 = 8.47 \times 10^{22}$ [個/cm^3] である．したがって，μ_{Fe} は，

$$\mu_{Fe} = \frac{M_s}{N} = 2.06 \times 10^{-20} \text{ [emu]} \tag{5.18}$$

となり，式 (5.17a) より，

$$\mu_{Fe} = 2.22 \mu_B \tag{5.19}$$

が得られる．Fe は孤立原子の場合は，$6\mu_B$ の原子磁気モーメントをもつことがわかっているが[†35]，固体金属中の Fe 原子の磁気モーメントは孤立原子の場合に比べ著しく減少し，しかも整数ではなく中途半端な数になっている．一般に，金属の場合は，一つの原子の L や S を考えるのではなく，固体全体の電子のエネルギー状態（バンド構造）を考えて計算することにより，実験値とよく一致する値が得られることが知られている．

5.2 磁性体の分類

これまでは，特に断らない限り物質といえば強磁性体であることを前提にして，話を進めてきた．しかし，強磁性体でない物質でも，何らかの磁気的性質は必ずもち合わせており，ある種の磁性体と見なすことができる．本節では，物質を原子磁気モーメントという観点で見たときにどのように分類されるかを学ぼう．

(a) 反磁性体

磁界を印加したとき，磁界と逆向きにわずかに磁化が生じる性質を反磁性

[†35] Fe は，3d 軌道の電子を 6 個もっており，フントの規則に従うと $L = 2\hbar$，$S = 2\hbar$ となるので，式 (5.13) より，$6\mu_B$ が得られる．ところで，脚注 33 で述べたように，固体中の原子は軌道角運動量が消失して，しばしば $L = 0$ となる．Fe の場合，もし $L = 0$ になると，磁気モーメントは $4\mu_B$ となる．実際にイオン性結晶の中で，Fe^{2+} のイオンはおよそ $4\mu_B$ の磁気モーメントをもつことがわかっている．しかし，金属 Fe の $2.22\mu_B$ という値は，それに比べてもはるかに小さい．

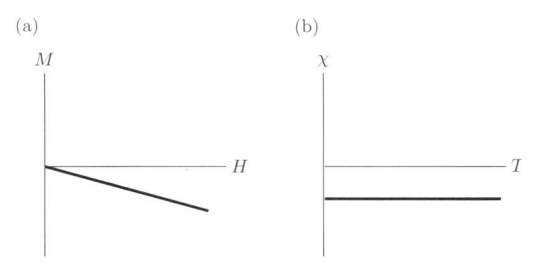

図 5.4 反磁性体の (a) 磁化曲線，(b) 磁化率の温度依存性

(diamagnetism) といい，反磁性を示す物質を反磁性体という．反磁性の原因は，磁界が印加されることによって電子にローレンツ力が加わり，電子の軌道運動が変化する結果，磁界と逆向きにわずかな磁気モーメントが誘導されることによっている．なぜ磁界と逆向きに生じるかというと，直観的には，電磁誘導のレンツの法則にしたがって，磁界の増加を妨げる方向に電子の運動が誘起されるからであると考えてよい．反磁性により誘起される磁化は一般的に非常に小さく，磁化率 χ は 10^{-6}（CGS ガウス）程度である．図 5.4 に示すように，磁化曲線は H に比例し，また χ は温度に依存しない．この反磁性は，すべての物質がもっている性質であるが，前記のように非常に小さいので μ_B に相当する大きな原子磁気モーメントをもっている物質では，その効果に隠れてあらわにはでてこない．反磁性を観測することができるのは，電子が閉殻構造を形成して原子磁気モーメントをもたないような物質においてである．具体的には，He, Ne, Ar などの希ガスや多くの有機化合物，あるいは水 (H_2O) や石英 (SiO_2) などに反磁性は見られる．また，金属でも Cu, Ag, Au や Be, Zn, Pb などに伝導電子による反磁性が見られる[36]．

(b) 常磁性体

原子磁気モーメントの間にあまり強い相互作用がない場合には，原子磁気モーメントはそれぞればらばらの方向を向き，かつ熱揺らぎのために時間的に絶え

---

[36] その物質そのものは反磁性しか示さないものでも，遷移金属イオンなどの磁性不純物を含んでいる場合，それらの効果が無視できなくなることもある．特に低温では，不純物がわずかでも，不純物の磁気モーメントが反磁性を凌駕し，磁化が磁界と同じ向きに生じることがしばしば見られるので，注意を要する．

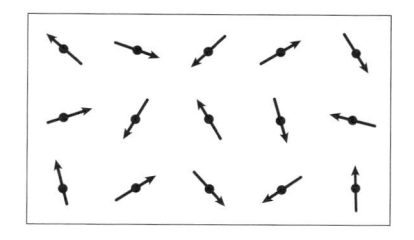

図 5.5　常磁性体の磁気構造

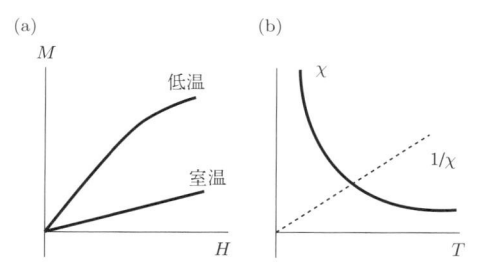

図 5.6　常磁性体の磁化と磁化率

ず方向を変えふらふらしている．このような状態を常磁性 (paramagnetism) とよぶ．常磁性の状態を図に表すと，図 5.5 のようになるが，この図はいささか誤解を招きやすい．なぜなら，この図はある瞬間における磁気モーメントの方向を表したものにすぎない．常磁性にとって重要なことは，磁気モーメントが時間的に絶えず方向を変えていることである．もし，磁気モーメントが動きを止め，ばらばらの方向を向いたまま凍結されるような状態になったときは，けっして常磁性とはよばないのである[†37]．

常磁性体の磁化曲線では，図 5.6a に示すように，通常 M は H に比例して増加し，χ は 10^{-6} から 10^{-3}（CGS ガウス）程度とあまり大きくはない．しかし，低温・強磁場という極限条件下では，M は飽和する傾向を示し，H に比例するのではなく徐々に飽和の方向に曲がり始める．常磁性体の磁化率 χ は，

[†37] 磁気モーメントの向きがばらばらになったまま凍結したような状態に関しては，ミクト磁性やスピングラスとよばれているものがこれに相当する．このような状態は，磁気モーメントの向きを平行に揃えようとする強磁性相互作用と反平行に揃えようとする反強磁性相互作用が混在しているときに生じうる．

図 5.6b に示すように,温度 T に反比例するという特徴がある.すなわち,

$$\chi = \frac{C}{T} \tag{5.20}$$

と表される.これを,発見者[38]の名にちなんでキュリーの法則 (Curie's law) とよび,C をキュリー定数 (Curie constant) という.C は,

$$C = \frac{Nm^2}{3k_\mathrm{B}} \tag{5.21}$$

と書けることがわかっている.ただし,m は原子磁気モーメントの大きさ,N は単位体積あたりの原子磁気モーメントの数で,k_B はボルツマン定数である.すなわち,C は原子磁気モーメントの大きさの 2 乗に比例する[39].このような常磁性は,遷移金属イオンを含んだ各種ミョウバンなどいわゆる常磁性塩とよばれているもので観測される.

金属の場合には,上記とは異なり,伝導電子による温度に依存しないパウリ常磁性や軌道常磁性が見られることが知られている[40].

(c) 強磁性体

1.3 節で述べたように,原子磁気モーメントの間にその向きを互いに平行に揃えようとする相互作用がはたらいて,磁気モーメントが整列し,自発磁化をもつ場合を強磁性 (ferromagnetism) とよぶ(図 5.7 参照).

強磁性体の自発磁化は温度によって変化する.強磁性体でも,高温では熱揺らぎのほうが相互作用に打ち勝って,磁気モーメントはばらばらの状態で,自発磁化は生じない[41].温度を下げていくと,ある温度を境目にして自発磁化が

---

[38] キュリー夫人の夫であるピエール・キュリー(Piére Curie, 1859〜1906 年)である.

[39] キュリー定数 C から求められる m と飽和磁化 M_s から求められる m とは一般に一致しない.なぜなら,量子力学の要請から,ある方向で測定した角運動量の大きさと,角運動量の絶対値の大きさとはつねにある一定のずれがあるからである.詳細は,たとえば参考文献 1 あるいは 3 などを参照されたい.

[40] 金属の伝導電子の軌道運動は,一般に常磁性成分と反磁性成分の双方に寄与する.そのどちらのほうが大きくなるか,すなわち全体として常磁性となるか,反磁性となるかは,金属内の電子状態(バンド構造や電子間相互作用)に依存する.たとえば,Li, Na などのアルカリ金属は常磁性を示すが,Cu, Ag, Au は反磁性を示す.

[41] 強磁性体の場合でも,高温で自発磁化がない状態は常磁性であるといってよい.すなわち,常磁性という言葉は物質につけられた名称ではなく,磁気モーメントが熱揺らぎでばらばらになっている状態を示す言葉である.

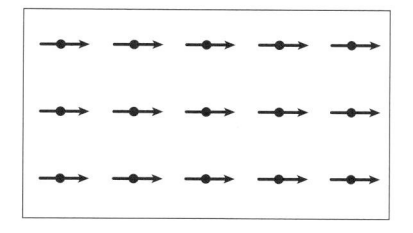

図 5.7 強磁性体の磁気構造

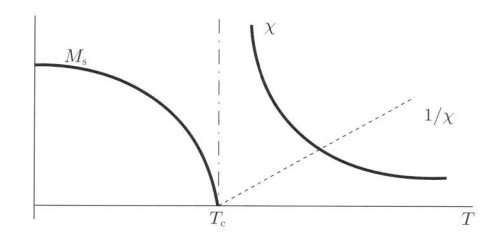

図 5.8 強磁性体の自発磁化および磁化率の温度変化

生じ始める．この温度をキュリー温度 (Curie temperature) あるいはキュリー点 (Curie point) といい，通常 T_c で表す．図 5.8 に示すように，T_c 以下で自発磁化は温度の減少とともに増大し，低温で飽和する．T_c は熱揺らぎと磁気モーメント間の相互作用が拮抗するところであるから，相互作用の大きさに比例する量となる．T_c は強磁性体によってさまざまであるが，Fe では 1043 [K]，Co では 1404 [K]，Ni は 630 [K] であり，これらは室温より十分高い．T_c 以上の磁化率 χ は，通常，

$$\chi = \frac{C}{T - T_\mathrm{c}} \tag{5.22}$$

で表される．C は常磁性体のときと同じキュリー定数で，式 (5.21) で表されるものである．式 (5.22) をキュリー・ワイスの法則 (Curie-Weiss law) とよんでいる．

強磁性体は Fe, Co, Ni のほかに，金属単体としては希土類金属の Gd があげられる．Gd はキュリー温度が 293 [K] で，室温以下にしないと自発磁化が現れない．また，低温では Tb や Dy も強磁性になる．合金や化合物としては，種々

の Fe, Co, Ni 系の合金のほか，MnSb などの Mn 系合金や，CrO_2 や EuO などの酸化物など，数多い．

(d) 反強磁性体

強磁性がすべての磁気モーメントが同じ方向に平行に揃う場合であるのに対し，反強磁性 (antiferromagnetism) は，図 5.9 に示すように，隣り合う磁気モーメントの向きが反平行に揃い，全体として磁気モーメントが打ち消し合って自発磁化がゼロになってしまう場合を指す．

反強磁性体の磁化率 χ は常磁性体と同程度で，磁性としては強くはないが，磁気モーメント間に強い相互作用がはたらいて磁気モーメントが整列している点が，常磁性とは明らかに異なる[†42]．反強磁性も，強磁性と同様に，高温では磁気モーメントは熱揺らぎによってばらばらになってしまう．温度を下げていくと，ある温度から磁気モーメントの整列が始まる．この温度を，反強磁性の

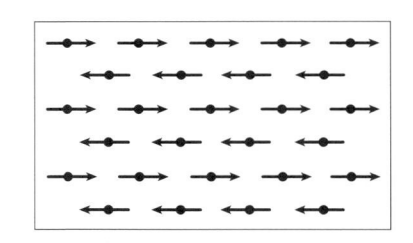

図 5.9 反強磁性体の磁気構造

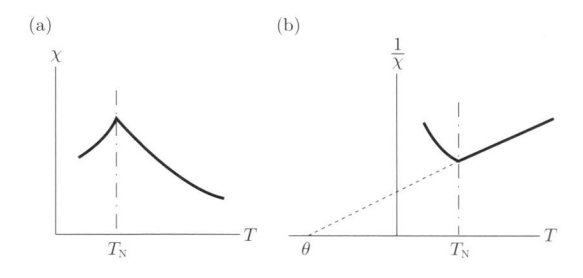

図 5.10 反強磁性体の磁化率の温度変化

[†42] このような磁気モーメントの整列した構造は，中性子回折によって実験的に証明される．

場合には，ネール温度 (Néel temperature) あるいはネール点 (Néel point) とよび，しばしば T_N で表す．ネール（Louis Néel, 1904～2000 年）は，反強磁性を最初に理論的に研究した研究者の名前である．反強磁性体の χ は，図 5.10a に示すように，T_N で折れ曲がるという特徴がある．また，T_N 以上の温度での χ は，図 5.10b に見られるように，

$$\chi = \frac{C}{T+\theta} \tag{5.23}$$

と表される．θ は T_N と関係はあるが，必ずしも一致するとは限らない．

反強磁性は，FeO, CoO, NiO, MnO, MnF_2, CrSb などさまざまな化合物や，FeMn, IrMn などの Mn 系合金で見られ，また磁気構造は単純ではないが，金属単体の Cr や Mn も反強磁性体の範疇に分類される．

(e) フェリ磁性体

フェリ磁性 (ferrimagnetism) は，隣り合う磁気モーメントの向きが反平行に揃っている点は反強磁性と同じであるが，磁気モーメントの大きさや数が異なっているために，全体として磁気モーメントが打ち消し合わず，自発磁化が生じる場合を指す（図 5.11 参照）．フェリ磁性は，機構的には反強磁性と同じであるが，自発磁化をもつという意味では強磁性と同じで，フェリ磁性体は現象論的にはむしろ強磁性体と同じ範疇で取り扱ってよいことが多い．

フェリ磁性の場合も，強磁性や反強磁性と同じく，高温では磁気モーメントは熱揺らぎのためばらばらの方向を向いているが，ある温度以下で磁気モーメントが整列し，自発磁化を生じる．この温度を，強磁性との類似性からフェリ磁性キュリー点とよぶ．（機構上反強磁性と同じであるという観点からフェリ磁性ネール点とよぶこともある．）キュリー点以上の χ は，分子磁界理論から，

$$\frac{1}{\chi} = \frac{T}{C} + \frac{1}{\chi_0} - \frac{\sigma}{T-\theta} \tag{5.24}$$

と表されることがわかっている．ここで，$C, \chi_0, \sigma, \theta$ は物質に依存する定数である（図 5.12 参照）．

フェリ磁性体として代表的なものは，フェライト (ferrite) である．（そもそもフェリ磁性の名の由来は，フェライトの磁性という意味からきている．）フェラ

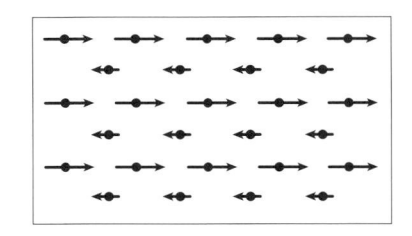

図 5.11 フェリ磁性体の磁気構造

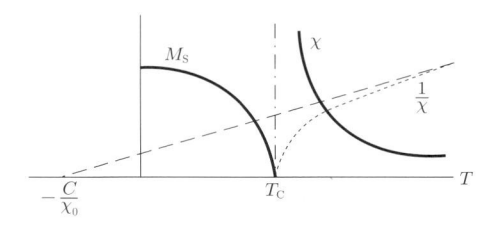

図 5.12 フェリ磁性体の自発磁化及び磁化率の温度変化

イトのなかでも最もよく知られているものはスピネル型とよばれるもので，一般式 $MO \cdot Fe_2O_3$ で表される．M は 2 価の金属イオンで，Mn^{2+}, Fe^{2+}, Co^{2+}, Ni^{2+}, Cu^{2+}, Zn^{2+} などである．M^{2+} イオンの磁気モーメントは 1 個あたり，2 個の Fe^{3+} の磁気モーメントと反平行に整列する（正スピネル）か，あるいは 1 個の Fe^{3+} の磁気モーメントと平行に整列しもう 1 個の Fe^{3+} の磁気モーメントと反平行に整列する（逆スピネル）かのどちらかである．いずれにせよ，M^{2+} イオンの磁気モーメントと Fe^{3+} の磁気モーメントの総和は相殺せず，生き残る．その他，$R_3Fe_5O_{12}$（R は希土類イオン）で表されるガーネット型フェライトや，$BaFe_{12}O_{19}$ に代表されるマグネトプランバイト型フェライトなどがある．また，希土類金属と遷移金属を組み合わせた合金もフェリ磁性を示すものが多い．

第 5 章　演習問題

演習問題 5.1

Fe の原子磁気モーメント μ_{Fe} の値：式 (5.19) を E-H 対応 MKSA 単位系および SI 単位系を用いて算出せよ．

演習問題 5.2

表 1 にさまざまな種類の磁性体の結晶構造，格子定数，飽和磁化などの値を示す．これらの値をもとに，以下の設問に答えながら，これら磁性体の 1 原子あたりの磁気モーメントを μ_B（ボーアマグネトン）単位で計算せよ．

(1) 各結晶構造の格子（図 1）の中に原子は何個存在するか，表 1 の空欄を埋めよ．
(2) 単位体積中に何個の原子が存在するか？ 表 1 の空欄を埋めよ．
(3) 各磁性体の 1 原子あたりの磁気モーメントを μ_B（ボーアマグネトン）単位で計算し，表 1 の空欄を埋めよ．
(4) 各磁性体の 1 原子あたりの電子数を計算し，表 1 の空欄を埋めよ．
(5) 図 2 に示すように，1 原子あたりの電子数の関数として 1 原子あたりの磁気モーメントを表せ．（注：結果は，一つの曲線上に載るはずである．これをスレーター・ポーリング (Slater-Pauling) 曲線とよぶ．）

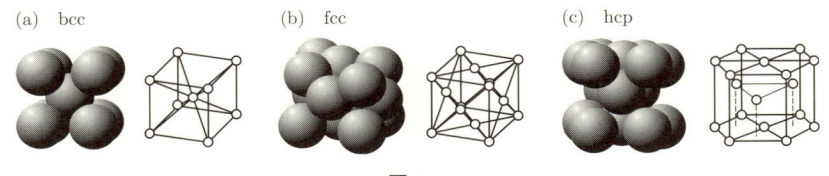

(a)　bcc　　　　　　(b)　fcc　　　　　　(c)　hcp

図 1

第 5 章 原子磁気モーメントと磁性体の分類

表 1 1 原子あたりの磁気モーメントと 1 原子あたりの電子数の相関

	結晶構造	図の格子中の原子数(個)	格子定数(Å)	単位体積中の原子数(個)	飽和磁化(emu/cm^3)	1原子あたりの磁気モーメント(μ_B)	1原子あたりの電子数
Fe	b.c.c.		2.86		1735	2.2	26
Fe$_{70}$Co$_{30}$	b.c.c.		2.86		1960		
Fe$_{30}$Co$_{70}$	b.c.c.		2.84		1810		
Co	h.c.p.		a = 2.51, c = 4.07		1440		27
Co$_{70}$Ni$_{30}$	f.c.c.		3.53		1190		
Co$_{30}$Ni$_{70}$	f.c.c.		3.52		820		
Ni	f.c.c.		3.52		510		28

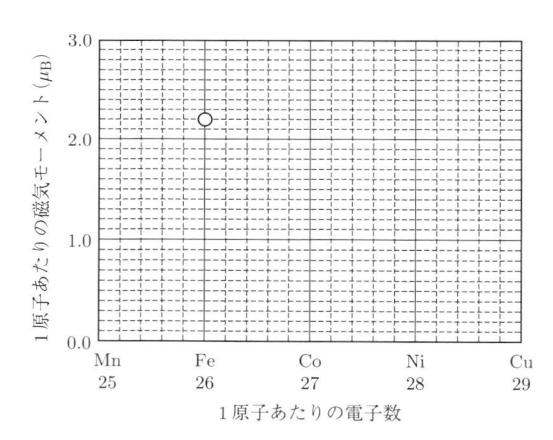

図 2

付録：単位換算一覧表

表 1　磁気的諸量の CGS ガウス単位系と MKSA 単位系の換算一覧表

量	記号	CGS ガウス単位 $B=H+4\pi M$	SI 単位への変換係数	MKSA 単位 (E-H 対応) $B=\mu_0 H+M$	SI 単位への変換係数	SI 単位 (E-B 対応) $B=\mu_0(H+M)$
磁束密度	B	G	10^{-4}	T, Wb/m²	1	T, Wb/m²
磁束	Φ	Mx	10^{-8}	Wb	1	Wb
起磁力	V_m	Gb	$10/4\pi$	A	1	A
磁界, 磁場	H	Oe	$10^3/4\pi$	A/m	1	A/m
(体積)磁化	M, I	emu/cm³	10^3	Wb/m²	$1/\mu_0$	A/m, J/(T·m³)
質量磁化	σ	emu/g	1	(Wb·m)/kg	$1/\mu_0$	A·m²/kg, J/(T·kg)
磁気モーメント	m	emu	10^{-3}	Wb·m	$1/\mu_0$	A·m², J/T
磁化率, 帯磁率	χ	—, (emu/(cm³·Oe))	4π	H/m†1	$1/\mu_0$	—†2
真空の透磁率	μ_0	1	$4\pi \times 10^{-7}$	H/m	1	H/m
透磁率	μ	—	$4\pi \times 10^{-7} = \mu_0$	H/m	1	H/m
反磁界係数	N	—†3	$1/4\pi$	—†4	1	—†5
最大エネルギー積	$(BH)_{\max}$	G·Oe	$10^{-1}/4\pi$	J/m³	1	J/m³
エネルギー密度	E, K	erg/cm³	10^{-1}	J/m³	1	J/m³

†1 $I = \chi H$. $\chi_r = \chi/\mu_0$ とした χ_r は SI 単位の χ と同じになる.
†2 $M = \chi H$
†3 $N_x + N_y + N_z = 4\pi$
†4 反磁界: $H_d = -(N/\mu_0) \cdot I$, $N_x + N_y + N_z = 1$
†5 反磁界: $H_d = -NM$, $N_x + N_y + N_z = 1$

参考文献

　本書では，磁気に関わる本当に基本的な，初歩の初歩ともいうべき事柄のみを解説した．さらに知識を深めたい読者には，本シリーズの続編をぜひ読まれることを勧めたい．ここでは，本シリーズ以外で，一般的な参考文献をあげよう．
　まず，磁気工学・磁性材料学という観点では，

1. 近角聰信：『強磁性体の物理（上）』，物理学選書 4，裳華房 (1977).
2. 近角聰信：『強磁性体の物理（下）』，物理学選書 18，裳華房 (1984).
3. 太田恵造：『磁気工学の基礎 I』，共立全書 200，共立出版 (1973).
4. 太田恵造：『磁気工学の基礎 II』，共立全書 201，共立出版 (1973).
5. 金子秀夫・本間基文：『磁性材料』，金属工学シリーズ 8，日本金属学会 (1977).
6. 島田 寛・山田興治・八田真一郎・福永博俊：『磁性材料物性・工学的特性と測定法』，講談社 (1999).

などがあげられる．また，磁気測定法に関する参考書としては，前記文献 6 のほか，

7. 近桂一郎・安岡弘志 編：『磁気測定 I』，丸善実験物理学講座 6，丸善 (2000).

などがある．
　磁性の物理学的側面に関して，中途半端ではなくきちんとした知識を得たい人のためには，たとえば以下の著書がある．

8. 芳田 奎：『磁性』，岩波書店 (1991).
9. 永宮健夫：『磁性の理論』，吉岡書店 (1987).
10. 金森順次郎：『磁性』，新物理学シリーズ 7，培風館 (1969).

事典，ハンドブックとして役に立つものをあげると，

11. 近角聰信・太田恵造・安達健五・津屋 昇・石川義和 共編：『磁性体ハンドブック』，朝倉書店（1975, 新装版 2006）．
12. 川西健次・近角聰信・桜井良文 編：『磁気工学ハンドブック』，朝倉書店 (1998).
13. 木村忠正・八百隆文・奥村次徳・豊田太郎 編：『電子材料ハンドブック』，朝倉書店 (2006).
14. 飯田修一・大野和郎・神前 熙・熊谷寛夫・沢田正三 編：『物理定数表』，朝倉書店（1969, 新版 1978）．（現在全面改訂し，日本物理学会編：『物理学データ事典』，朝倉書店 (2006) となっている．）
15. 物理学事典編集委員会 編：『物理学事典』（改訂版），培風館 (1992).
16. 応用物理学会 編：『応用物理ハンドブック』（第 2 版），丸善 (2002).

などがある．

索引

欧数字

45度トルク法　85

AGM (Alternating Gradient Force Magntometer)　80
Ampére's law　17
angular momentum　93
anisotropy constant　59
anisotropy energy　57
antiferromagnetism　106

Barkhausen noise　71
B-H 曲線　44, 79
BHトレーサ　79
Biot Savart's law　5
Bitter pattern　87
Bohr magneton　100

CGSガウス単位系　2, 24, 49
closure domain　70
coercive force　38
Coulomb's law　3
Curie constant　104
Curie point　105
Curie temperature　105
Curie's law　104
Curie-Weiss law　105

demagnetizing curve　36
demagnetizing field　38
diamagnetism　101
directional order　67
domain wall displacement　71

easy axis　58
E-B 対応　28, 30
E-H 対応　28, 30, 50
electromagnet　76

Faraday　14
Faraday effect　88
ferrimagnetism　107
ferrite　107
ferromagnetism　11, 104
FMR (Ferromagnetic Resonance)　86

hard axis　58
hard magnetic materials　48
Helmholtz coil　75
Hund's rule　98
hysteresis loop　36
hysteresis loss　43

induced magnetic anisotorpy　67
initial magnetization curve　35

Kerr effect　88
KS鋼　52

Lenz law　16
Lorentz field　29
Lorentz micrography　88

magnetic anisotropy　57
magnetic annealing effect　67
magnetic dipole　10
magnetic domain　69
magnetic domain wall　69

magnetic field   1
magnetic flux   15
magnetic flux density   12
magnetic moment   7
magnetic monopole   7
magnetic polarization   29
magnetic susceptibility   36
magnetization   10
magnetization curve   35
magnetization rotation   71
magneto-crystalline anisotropy   57
magneto-static energy   69
magnetooptical effect   88
magnetostriction   67
Maxwell's equations   13
MFM (magnetic force microscope)   88
M-H 曲線   35, 49
minor loop   36
MKSA 単位系   4, 24, 50
MK 鋼   53

Néel point   107
Néel temperature   107
NMR (Nuclear Magnetic Resonance)   78

orbital angular momentum   97

paramagnetism   103
Pauli's principle   98
permeability   45

residual magnetization   38
roll magnetic anisotropy   67

saturation magnetization   38
SEMPA   88
shape magnetic anisotropy   62
SI 単位系   28, 51
soft magnetic materials   47

spin angular momentum   97
spontaneous magnetization   11
SQUID (Superconducting Quantum Interference Device)   80
STM (scanning tunneling microscope)   88
strain gauge   86

technical magnetization process   71
torque curve   82

uniaxial anisotropy   59

VSM (Vibrating Sample Magnetometer)   78

XMCD (X-ray magnetic circular dichroism)   89

あ 行

圧延磁気異方性 (roll magnetic anisotropy)   67
アモルファス合金   48
アルニコ   48
アルニコ磁石   53
アンペールの法則 (Ampére's law)   5, 17

一軸異方性 (uniaxial anisotropy)   59, 82
一方向性異方性   67
異方性エネルギー (anisotropy energy)   57, 81
異方性定数 (anisotropy constant)   59
インダクタンス   12, 33

永久磁石   1, 48, 71, 75
液体ヘリウム   77

か 行

カー効果 (Kerr effect)   88
ガウスの法則   19

索 引　117

角運動量 (angular momentum)　93
核磁気共鳴 (NMR)　78
渦電流損失　48
環流磁区 (closure domain)　70

技術磁化過程 (technical magnetization process)　71
軌道角運動量 (orbital angular momentum)　97, 100
キュリー温度 (Curie temperature)　105
キュリー定数 (Curie constant)　104, 105
キュリー点 (Curie point)　105
キュリーの法則 (Curie's law)　104
キュリー・ワイスの法則 (Curie-Weiss law)　105
強磁性 (ferromagnetism)　11, 104
強磁性共鳴 (FMR)　86
強磁性体　12
強磁性薄膜　63

空心コイル　75
クネール法　77
クーロンの法則 (Coulomb's law)　3

形状磁気異方性 (shape magnetic anisotropy)　62, 69
珪素鋼板　48
結晶磁気異方性 (magneto-crystalline anisotropy)　57
結晶磁気異方性定数　91
減磁曲線 (demagnetizing curve)　36
原子磁気モーメント　61, 93

交換磁気異方性　67
交換相互作用　11, 69
硬磁性材料 (hard magnetic materials)　47, 48, 54, 71
光速　14
光電素子　86
高透磁率材料　47

交番磁場勾配磁力計 (AGM)　80, 90
困難軸 (hard axis)　58
　磁化—　91

さ 行

最大エネルギー積　48
サマコバ磁石　49
残留磁化比　38

磁化 (magnetization)　9, 12, 28, 78
　回転—(magnetization rotation)　71
　残留—(residual magnetization)　38
　飽和—(saturation magnetization)　38
磁界 (magnetic field)　1, 12, 19, 28, 75
　異方性—　66
　残留—　76
　定常—　77
　パルス—　77
磁界中冷却効果 (magnetic annealing effect)　67
磁化曲線 (magnetization curve)　35, 42, 49
　初—(initial magnetization curve)　35
磁化率 (magnetic susceptibility)　36
　可逆—　37
　強磁界—　37
　最大—　37
　初—　36
　全—　36
　比—　37, 45
　微分—　36
磁気異方性 (magnetic anisotropy)　57
磁気異方性定数　81
磁気円二色性 (XMCD)　89
磁気回路　16, 48, 76
磁気記録媒体　49, 54
磁気光学効果 (magnetooptical effect)　80, 88
磁気双極子 (magnetic dipole)　10, 30, 93
磁気単極子 (magnetic monopole)　7, 23

磁気天秤　79
磁気振り子　79
磁気分極 (magnetic polarization)　29
磁気ヘッド　47
磁気モーメント (magnetic moment)　7
磁極　2
磁極片　76
磁気力顕微鏡 (MFM)　88
磁区 (magnetic domain)　35, 69, 87
磁心　47
磁束 (magnetic flux)　15, 33
磁束線　19
磁束密度 (magnetic flux density)　12, 19, 28, 44
　残留—　46
　飽和—　46
実効最大磁束密度　46
自発磁化 (spontaneous magnetization)　11, 35, 104
磁壁 (magnetic domain wall)　69
磁壁移動 (domain wall displacement)　71
主量子数　98
消磁　35
消磁状態　35
常磁性 (paramagnetism)　103
ジョセフソン効果　80
磁力線　1, 20
磁歪 (magnetostriction)　67, 86
磁歪定数　68
新 KS 鋼　52
振動試料型磁力計 (VSM)　78

ストレインゲージ (strain gauge)　86
スピン SEM　88
スピン角運動量 (spin angular momentum)　97
スピン偏極走査電子顕微鏡　88

静磁エネルギー (magneto-static energy)　69

センダスト　48, 52
走査型トンネル電子顕微鏡 (STM)　88
ソフト磁性材料　47
ソレノイド　18

た 行

体心立方格子　57
多結晶　58, 68
単結晶　58, 91
弾性エネルギー　69, 70
弾性定数　69

中性子回折　106
超伝導マグネット　76
超伝導量子干渉型デバイス (SQUID)　80, 90

電界　14
電気変位　14
電磁石 (electromagnet)　76, 81, 90
電磁濃縮法　77
電磁誘導　14, 33
電束密度　14
電流密度　14

透磁率 (permeability)　45
　可逆—　45
　最大—　45
　初—　45
　真空の—　12, 24, 25
　比—　45
トルク曲線 (torque curve)　82
トルク法　59, 66, 81

な 行

ナノ結晶合金　48
軟磁性材料 (soft magnetic materials)　47, 54, 71

索 引

ネール温度 (Néel temperature)　107
ネール点 (Néel point)　107
ネオジム磁石　49

は 行

ハード磁性材料　47
パーマロイ　48, 67
ハイブリッドマグネット　77
パウリの原理 (Pauli's principle)　98
爆縮法　77
バルクハウゼン雑音 (Barkhausen noise)　71
反強磁性 (antiferromagnetism)　106
反磁界 (demagnetizing field)　22, 38, 62, 69
反磁界係数　38
反磁界補正　39
反磁性 (diamagnetism)　101
バンド構造　101

ピエゾ素子　80, 86
ビオ・サバールの法則 (Biot Savart's law)　5
光てこ　82, 86
ヒステリシス損失 (hysteresis loss)　43
ヒステリシスループ (hysteresis loop)　36, 47
ビッター図形 (Bitter pattern)　87

ファラデー (Faraday)　14
ファラデー効果 (Faraday effect)　88
ファラデー法　79
フェライト (ferrite)　48, 107
フェリ磁性 (ferrimagnetism)　107
フェリ磁性体　12
フントの規則 (Hund's rule)　98
粉末図形法　87

閉殻構造　98
ヘルムホルツコイル (Helmholtz coil)　75
変圧器（トランス）　16

方向性規則配列 (directional order)　67
ボーア磁子 (Bohr magneton)　100
ポールギャップ（磁極間間隙）　76, 81
ホール係数　78
ホール効果　77
ホール素子　78
ポールピース　76
保磁力 (coercive force)　38, 46

ま 行

マイナーループ (minor loop)　36
マックスウェルの方程式 (Maxwell's equations)　4, 13

面心立方格子　57

や 行

ヤング率　86

誘電率（真空の）　25
誘導磁気異方性 (induced magnetic anisotorpy)　67

容易軸 (easy axis)　58
　磁化—　91

ら 行

レンツの法則 (Lenz law)　16

ローレンツ顕微鏡法 (Lorentz micrography)　88
ローレンツ磁界 (Lorentz field)　29
六方最密格子　57

[著者紹介]

高梨 弘毅（たかなし こうき）
1986年　東京大学大学院理学系研究科博士課程 修了（理学博士）
現職：東北大学金属材料研究所 教授
専門：磁性材料学・スピントロニクス

現代講座・磁気工学 1
Modern Institute: Magnetics Vol.1

磁気工学入門
―磁気の初歩と単位の理解のために―
Introduction to Magnetics
—For Understanding of Basics and Units in Magnetics

2008 年 9 月 15 日　初版 1 刷発行
2024 年 5 月 10 日　初版 5 刷発行

検印廃止
NDC 427.8

ISBN 978-4-320-08587-9

編　者　日本磁気学会
著　者　高梨弘毅　© 2008
発行者　南條光章
発行所　**共立出版株式会社**
　　　　〒112-0006
　　　　東京都文京区小日向 4 丁目 6 番 19 号
　　　　電話（03）3947-2511（代表）
　　　　振替口座　00110-2-57025
　　　　URL www.kyoritsu-pub.co.jp

印　刷　藤原印刷株式会社
製　本　ブロケード

NSPA 一般社団法人
自然科学書協会
会員

Printed in Japan

JCOPY ＜出版者著作権管理機構委託出版物＞
本書の無断複製は著作権法上での例外を除き禁じられています．複製される場合は，そのつど事前に，出版者著作権管理機構（TEL：03-5244-5088，FAX：03-5244-5089，e-mail：info@jcopy.or.jp）の許諾を得てください．

■物理学関連書

www.kyoritsu-pub.co.jp 共立出版

カラー図解 物理学事典	杉原 亮他訳
ケンブリッジ 物理公式ハンドブック	堤 正義訳
現代物理学が描く宇宙論	真貝寿明著
基礎と演習 大学生の物理入門	高橋正雄著
大学新入生のための物理入門 第2版	廣岡秀明著
楽しみながら学ぶ物理入門	山﨑耕造著
これならわかる物理学	大塚徳勝著
薬学生のための物理入門 薬学準備教育ガイドライン準拠	廣岡秀明著
詳解 物理学演習 上・下	後藤憲一他共編
物理学基礎実験 第2版新訂	宇田川眞行他編
独習独解 物理で使う数学 完全版	井川俊彦訳
物理数学講義 複素関数とその応用	近藤慶一著
物理数学 量子力学のためのフーリエ解析・特殊関数	柴田尚和他著
理工系のための関数論	上江洌達也他著
工学系学生のための数学物理学演習 増補版	橋爪秀利著
詳解 物理応用数学演習	後藤憲一他共編
演習形式で学ぶ特殊関数・積分変換入門	蓬田 清著
解析力学講義 古典力学を越えて	近藤慶一著
力学（物理の第一歩）	下村 裕著
大学新入生のための力学	西浦宏幸他著
ファンダメンタル物理学 力学	笠松健一他著
演習で理解する基礎物理学 力学	御法川幸雄他著
工科系の物理学基礎 質点・剛体、連続体の力学	佐々木一夫他著
基礎から学べる工系の力学	廣岡秀明著
基礎と演習 理工系の力学	高橋正雄著
講義と演習 理工系基礎力学	高橋正雄著
詳解 力学演習	後藤憲一他共編
力学 講義ノート	岡田静雄他著
振動・波動 講義ノート	岡田静雄他著
電磁気学 講義ノート	高木 淳他著
大学生のための電磁気学演習	沼居貴陽著
プログレッシブ電磁気学 マクスウェル方程式からの展開	水田智史著
ファンダメンタル物理学 電磁気・熱・波動 第2版	新居毅人他著
演習で理解する基礎物理学 電磁気学	御法川幸雄他著
基礎と演習 理工系の電磁気学	高橋正雄著
楽しみながら学ぶ電磁気学入門	山﨑耕造著
入門 工系の電磁気学	西浦宏幸他著
詳解 電磁気学演習	後藤憲一他共編
明解 熱力学	糸井千岳他著
熱力学入門（物理学入門S）	佐々真一著
英語と日本語で学ぶ熱力学	R.Micheletto他
現代の熱力学	白井光雲著
生体分子の統計力学入門 タンパク質の動きを理解するために	藤崎弘士他訳
新装版 統計力学	久保亮五著
複雑系フォトニクス レーザカオスの同期と光情報通信への応用	内田淳史著
光学入門（物理学入門S）	青木貞雄著
復刊 レンズ設計法	松居吉哉著
教養としての量子物理学	占部伸二訳
量子の不可解な偶然 非局所性の本質と量子情報科学への応用	木村 元訳
量子コンピュータによる機械学習	大関真之監訳
量子力学講義Ⅰ・Ⅱ	近藤慶一著
解きながら学ぶ量子力学	武藤哲也著
大学生のための量子力学演習	沼居貴陽著
量子力学基礎	松居哲生著
量子力学の基礎	北野正雄著
復刊 量子統計力学	伏見康治編
詳解 理論応用量子力学演習	後藤憲一他共編
復刊 相対論 第2版	平川浩正著
Q&A放射線物理 改訂2版	大塚徳勝他著
量子散乱理論への招待 フェムトの世界を見る物理	緒方一介著
大学生の固体物理入門	小泉義晴監修
固体物性の基礎	沼居貴陽著
材料物性の基礎	沼居貴陽著
やさしい電子回折と初等結晶学 改訂新版	田中通義他著
物質からの回折と結像 透過電子顕微鏡法の基礎	今野豊彦著
物質の対称性と群論	今野豊彦著
社会物理学 モデルでひもとく社会の構造とダイナミクス	小田垣 孝著
超音波工学	荻 博次著